Ioana Stanciu

Reologia della birra

Ioana Stanciu

Reologia della birra

ScienciaScripts

Imprint

Any brand names and product names mentioned in this book are subject to trademark, brand or patent protection and are trademarks or registered trademarks of their respective holders. The use of brand names, product names, common names, trade names, product descriptions etc. even without a particular marking in this work is in no way to be construed to mean that such names may be regarded as unrestricted in respect of trademark and brand protection legislation and could thus be used by anyone.

Cover image: www.ingimage.com

This book is a translation from the original published under ISBN 978-620-7-47177-5.

Publisher:
Sciencia Scripts
is a trademark of
Dodo Books Indian Ocean Ltd. and OmniScriptum S.R.L publishing group

120 High Road, East Finchley, London, N2 9ED, United Kingdom
Str. Armeneasca 28/1, office 1, Chisinau MD-2012, Republic of Moldova, Europe
Printed at: see last page
ISBN: 978-620-7-34569-4

Copyright © Ioana Stanciu
Copyright © 2024 Dodo Books Indian Ocean Ltd. and OmniScriptum S.R.L publishing group

CONTENUTO

Introduzione 2

I. Tecnologia della birra 4

II. Confronto delle proprietà reologiche del mosto luppolato e del mosto di malto 37

III. Caratteristiche reologiche e microbiologiche delle particelle di luppolo e trub caldo formatesi durante la produzione della birra 48

IV. Tribo-riologia della birra alcolica e analcolica 74

Riferimento 92

Introduzione

La birra è uno dei tipi di bevande alcoliche più antichi al mondo e il più consumato. È la terza bevanda più diffusa in assoluto dopo l'acqua potabile e il tè. È prodotta dalla fermentazione di amidi, principalmente derivati da cereali - più comunemente orzo maltato, anche se vengono utilizzati anche grano, mais, riso e avena. Durante il processo di produzione della birra, la fermentazione degli zuccheri dell'amido produce etanolo e carbonazione nella birra risultante. La maggior parte delle birre moderne è prodotta con il luppolo, che aggiunge amarezza e altri aromi e agisce come conservante naturale e agente stabilizzante. Al posto del luppolo possono essere inclusi o utilizzati altri agenti aromatizzanti come grani, erbe o frutti. Nella produzione di birra commerciale, l'effetto di carbonatazione naturale viene spesso eliminato durante la lavorazione e sostituito da una carbonatazione forzata.

Alcuni dei primi scritti conosciuti dell'umanità fanno riferimento alla produzione e alla distribuzione della birra: il Codice di Hammurabi includeva leggi che regolavano la birra e le birrerie, e "L'inno a Ninkasi", una preghiera alla dea mesopotamica della birra, serviva sia come preghiera sia come metodo per ricordare la ricetta della birra in una cultura con pochi alfabeti.

La birra è distribuita in bottiglie e lattine ed è comunemente disponibile anche alla spina, soprattutto nei pub e nei bar. L'industria della birra è un'attività globale, composta da diverse multinazionali dominanti e da molte migliaia di piccoli produttori, dai brewpub ai birrifici regionali. La gradazione della birra moderna è solitamente compresa tra il 4% e il 6% di alcol in volume (ABV), anche se può variare tra lo 0,5% e il 20%, con alcuni birrifici che creano esempi di 40% ABV e oltre.

La birra fa parte della cultura di molte nazioni ed è associata a tradizioni sociali come le feste della birra, oltre che a una ricca cultura dei pub che prevede attività come il pub crawling, i pub quiz e i pub games.

Quando la birra viene distillata, il liquore che ne risulta è una forma di whisky.

I. Tecnologia di produzione della birra

La birra è la bevanda ottenuta dalla fermentazione alcolica del mosto di malto, inseminato con colture di lievito e aromatizzato con luppolo. Le caratteristiche principali della birra sono: contenuto alcolico tra l'1,5-6%, anidride carbonica tra lo 0,2-0,5%, estratti (destrina, maltosio, sostanze proteiche, tannino, sali minerali, acidi organici) tra il 4, 5-9%, pH tra 4,2-4,4, schiuma intensa, sapore e odore caratteristici di malto e luppolo. In relazione al contenuto alcolico, il valore energetico della birra è di 282-570 cal/l; sono note le sue proprietà fisiologiche e terapeutiche.

La tecnologia di produzione della birra comprende tre fasi principali: produzione del malto, produzione del mosto di birra, fermentazione e condizionamento della birra.

I.1. Materie prime per la produzione di birra

Le principali materie prime utilizzate nell'industria della birra sono l'orzo, l'acqua e il luppolo, a cui vengono aggiunti cereali non maltati e colture di lievito selezionate.

Orzo. L'orzo primaverile o sorgo (Hordeum distichum), caratterizzato da un basso contenuto di sostanze proteiche (massimo 12%) e da un alto contenuto di amido (52-66%), viene utilizzato con buona efficienza economica per la produzione di birra. Questa struttura garantisce un normale sviluppo del processo di maltazione e rese superiori nel processo di produzione della birra.

La composizione chimica media dell'orzo da malto, basata sulla sostanza secca, è la seguente: umidità 14%, amido 54%, carboidrati 12%, grassi 2,5%, cellulosa 5%, sostanze proteiche 10%, ceneri 2,5%.

In mancanza di orzo primaverile, è possibile utilizzare orzo autunnale delle specie Hordeum tetrastichum e Hordeum hexasticum. Le condizioni di qualità che l'orzo utilizzato nella produzione di malto deve soddisfare sono: odore fresco caratteristico, colore chiarissimo, corpi estranei tra il 3-5%, umidità inferiore al 14%, non essere contaminato da parassiti, energia di germinazione dopo tre giorni dell'89-90% per l'orzo e del 95-98% per il sorgo.

L'acqua. È una delle materie prime fondamentali per la produzione della birra. Oltre al fatto che deve essere potabile, l'acqua deve avere un certo contenuto di sali per non influenzare il processo tecnologico. Tra i sali contenuti nell'acqua, i più importanti sono bicarbonati, solfati, cloruri, nitrati, nitriti, solfuri con cationi di calcio, ferro, magnesio, potassio, ecc.

L'acqua contenente cloro, alcoli, piccole quantità di ammoniaca, acido nitrico, sostanze organiche e microrganismi nocivi non può essere utilizzata per la produzione di birra. Poiché i processi di produzione della birra avvengono in ambienti leggermente acidi, a causa della presenza di fosfati primari e di sali di acidi organici provenienti dalle fecce e dal mosto di malto, quando si utilizza l'acqua, si terrà conto delle reazioni dei sali minerali presenti nell'acqua con i fosfati, i composti e i risultati e gli effetti sullo sviluppo dei processi biochimici.

La qualità dell'acqua viene migliorata attraverso diversi processi: neutralizzazione con acidi, trattamento con solfato di calcio o cloruro di calce, decarbonatazione mediante bollitura o latte di calce, deferrizzazione, demineralizzazione con scambiatori di ioni.

Luppolo (Humulus lupulus). Per la produzione della birra si utilizzano i coni di luppolo, che contengono una polvere gialla chiamata luppolina e che sviluppa un odore caratteristico. Grazie ai composti contenuti nei coni, il luppolo influenza notevolmente il gusto, l'aroma, il colore, la limpidezza e il potere di conservazione della birra.

Per essere utilizzati nella produzione di birra, i coni di luppolo devono rientrare nei seguenti parametri: contenuto di acqua 13-16%, tannini 1-8%, oli essenziali 0,2-0,8%, sostanze amare e resine 16-21% di cui α-resine (umulone) 7-8%, β-resine (lupulone) 10-11% e γ-resine (dure) 1-8%.

Le resine α e β, insieme agli oli essenziali e agli acidi amari, formano il gusto e l'aroma specifici della birra, contribuiscono alla formazione e alla persistenza della schiuma e hanno una forte azione antisettica.

Poiché l'uso diretto dei coni di luppolo presenta alcuni svantaggi, negli ultimi anni è stato utilizzato per ottenere prodotti a base di luppolo come polvere, pellet, concentrati di luppolina, estratti di luppolo (normali o isomerizzati), preparazioni miste, prodotti aromatizzati al luppolo (emulsioni di olio di luppolo, estratti oleosi), aggiunti in una proporzione di 110-340 g/hl di birra, a seconda della varietà.

Cereali non maltati. Sono utilizzati sia per la produzione di birra, sia per migliorare l'estratto o per ottenere una birra di colore più chiaro, con schiuma abbondante e stabile. Questo gruppo comprende:

- mais: la frazione vetrosa (cornea) ricca di amido viene utilizzata, sotto forma di farina, in una proporzione del 5-30% rispetto alla quantità di malto;
- riso: sotto forma di grani o di chicchi spezzati (chicchi frantumati) viene utilizzato per la birra bionda di fondo, lavorando separatamente l'orzo e la crusca di riso, poi mescolati prima di 65 °C;
- fiocchi di orzo, avena, frumento e mais: ottenuti da chicchi puliti, decorticati, scottati o bolliti, sono utilizzati solo per particolari tipi di birra.

Lievito. Appartiene al gruppo degli ascosporogeni, fermenta sempre alcolicamente e non assimila nitrati. Dal punto di vista della fermentazione, si differenziano:

- lieviti di fermentazione superiore o superficiale (Saccharomyces cerevisiae), che fermentano a temperature superiori a 10 °C;
- lieviti di fondo o di fermentazione (Saccharomyces carlsbergensis), con una temperatura di fermentazione inferiore a 10 °C.

Il lievito di birra si ottiene moltiplicando colture pure in speciali impianti di moltiplicazione, su un substrato che contiene una fonte di carbonio, azoto, sostanze minerali e fattori di crescita.

I.2. Procedure per l'ottenimento del malto

Il malto si ottiene attraverso il processo di germinazione dei chicchi d'orzo. Durante la germinazione, nel chicco d'orzo si forma un complesso enzimatico in cui predominano le amilasi necessarie per la saccarificazione dell'amido; essiccando il malto, si ottengono i componenti che conferiscono l'aroma specifico.

Pulizia e selezione. L'orzo contiene una percentuale più o meno elevata di impurità che devono essere eliminate, di solito prima dello stoccaggio nei silos. Ciò comporta la pulizia vera e propria da polvere, terra, sabbia, pula, semi di erbe infestanti, frammenti metallici, nonché la cernita dell'orzo per categorie di qualità, in quanto le dimensioni dei chicchi influenzano il tempo di germinazione.

L'ammollo dell'orzo ha lo scopo di aumentare l'umidità dei chicchi da quella di stoccaggio (10-15%) a un minimo del 42%, quando nei chicchi si creano le condizioni favorevoli per la germinazione (germogliazione). L'ammollo dei chicchi con acqua è un processo relativamente lungo, che dipende dalle dimensioni e dalla qualità dei chicchi, dalla temperatura e dalla composizione dell'acqua, nonché dalle modalità di esecuzione del processo di ammollo.

L'acqua viene fortemente assorbita dalle proteine, dall'amido e dalla cellulosa dei chicchi; il tasso di assorbimento diminuisce dal valore massimo, che caratterizza l'inizio dell'ammorbidimento, fino a zero, quando i chicchi hanno assunto la massima quantità di acqua.

All'aumentare della temperatura, la velocità di addolcimento aumenta notevolmente, raddoppiando a 20 °C rispetto a quella a 10 °C. Anche la composizione chimica dell'acqua ha un'influenza significativa sulla velocità di ammollo, soprattutto quando vi si introducono disinfettanti (acqua di calce, idrossido di sodio, ipocloriti di sodio e di calcio, permanganato di potassio).

Il malto si ottiene attraverso una serie di operazioni, la cui sequenza è presentata nella figura 1.1, in macchine che sono generalmente disposte come nella figura 1.2.

L'aerazione dell'orzo garantisce, oltre a facilitare la respirazione dei semi, evitando che si impregnino d'acqua, l'ossigeno dell'aria che lavora indirettamente attraverso l'azione respiratoria con conseguente anidride carbonica che viene rimossa dai semi, rallentando la penetrazione dell'acqua al loro interno.

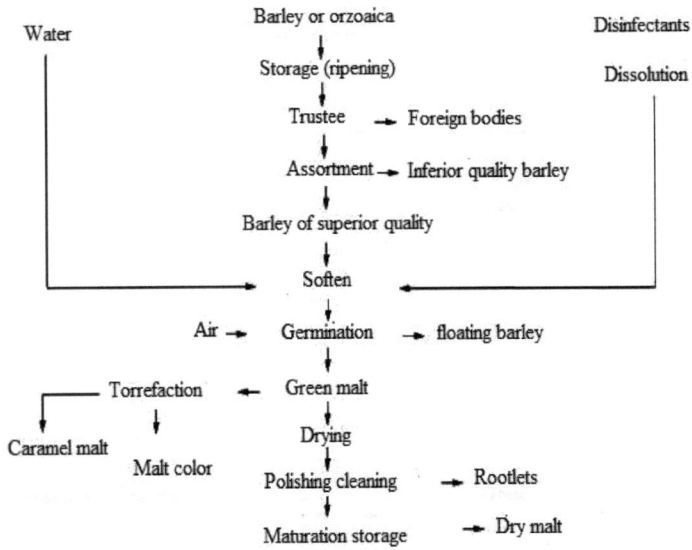

Fig. 1.1. Schema tecnologico per l'ottenimento del malto

Attualmente vengono utilizzati diversi metodi di ammollo dell'orzo, i più noti dei quali sono:

- ammollo con acqua tiepida: i fagioli vengono messi a bagno in acqua a temperature di 20-40 °C, con un'intensa aerazione;

- ammollo con acqua calda: l'acqua ha una temperatura di 55-60 °C e il metodo viene utilizzato in combinazione con l'ammollo con acqua calda;

- addolcimento con acqua aerata: l'acqua viene impregnata di aria attraverso un dispositivo fissato nel tubo di alimentazione dell'acqua.

Germinazione dell'orzo. È la fase in cui avviene lo sviluppo dell'embrione sulla base delle sostanze di riserva esistenti nel chicco, con la formazione della nuova pianta. Così, in una prima fase, si attivano gli enzimi citolitici, amilolitici, proteolitici e le fosfatasi, catalizzatori delle reazioni di idrolisi. Di conseguenza, avvengono importanti trasformazioni sia nella struttura morfologica del chicco sia nella sua composizione chimica.

Attraverso la parziale decomposizione delle proteine, la solubilizzazione dell'amido e la disintegrazione delle pareti cellulari, il chicco diventa morbido e friabile, un fenomeno noto come solubilizzazione del malto. In un primo momento, le citasi agiscono sulle emicellulose che solubilizzano le pareti cellulari, liberando le sostanze di riserva dalle cellule. Le amilasi agiscono sull'amido: l'α-amilasi con l'azione di liquefare l'amido in destrine e la β-amilasi che ha l'azione di saccarificazione. Il maltosio risultante dall'azione delle amilasi servirà come substrato per i processi di fermentazione, determinati dai lieviti.

Sotto l'azione degli enzimi proteolitici, le sostanze proteiche vengono scisse in peptoni e amminoacidi, necessari per lo sviluppo dei lieviti e che conferiranno il gusto della birra, oltre alla capacità di schiumare. Le lipasi agiscono sui lipidi con la formazione di acidi grassi e glicerina, causando un aumento dell'acidità.

Il processo di germinazione può essere effettuato secondo diversi metodi: germinazione in campo, germinazione in impianti pneumatici con cassette, germinazione in impianti pneumatici con tamburi, germinazione in ambiente con anidride carbonica.

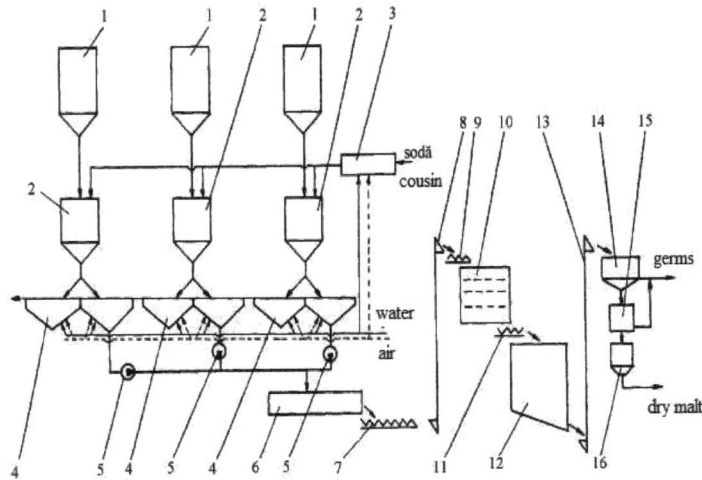

Fig. 1.2. La linea tecnologica generale per l'ottenimento del malto: 1-tramoggia; 2-vasche di lavaggio; 3-vasche per la miscelazione dei disinfettanti; 4-vasche di ammollo; 5-pompe; 6-impianto di germinazione; 7,9,11-trasportatori; 8,13-elevatori; 10-essiccatoio; 12-tramoggia di raccolta; 14-pre-germinatore; 15-degerminatore lucidatore; 16-scala automatica.

In pratica, la gestione della germinazione avviene nel modo seguente: l'orzo ammollato viene posto negli impianti di germinazione, un processo che dura 7-9 giorni e che viene condotto tenendo conto dell'umidità dei chicchi, della temperatura della massa germinativa e della quantità di aria che deve essere insufflata negli impianti di germinazione. Il contenuto d'acqua del malto verde deve essere mantenuto approssimativamente costante per tutto il periodo di germinazione al 42-46%, in relazione al malto che si vuole ottenere:

- intorno al 42%, per i malti biondi;
- tra il 44-46%, per i malti bruni.

Essiccazione del malto. Affinché il malto verde possa essere immagazzinato e conservato, è necessario eliminare l'umidità in eccesso lasciata dal processo di germinazione, operazione che si effettua facendo passare un flusso di aria calda attraverso la massa di chicchi germinati, essiccazione che interrompe il processo di germinazione.

La rimozione dell'umidità avviene in tre fasi di essiccazione, durante le quali avvengono trasformazioni specifiche della maltazione, in seguito alle quali il malto secco acquisisce il suo aroma, il suo colore e la sua capacità di stoccaggio e conservazione.

La fase di essiccazione fisiologica o "essiccazione leggera" raggiunge una diminuzione dell'umidità fino al 20-30%, con una temperatura dell'aria fino a 40°C. Il processo di crescita dei componenti dell'embrione continua anche in questa fase, diminuendo di intensità.

La fase di essiccazione enzimatica garantisce la riduzione dell'umidità fino al 10-15%, grazie all'aumento della temperatura dell'aria da 40 a 70 °C. I componenti dell'embrione appassiscono
attività vitale, ma a causa dell'alta temperatura e dell'acqua ancora presente nei chicchi, gli enzimi amilolitici e proteolitici sviluppati durante la germinazione favoriscono i processi di idrolisi, degradando ulteriormente i carboidrati e le proteine in zuccheri e amino-composti con
bassa massa molecolare.

La fase di essiccazione chimica riduce l'umidità all'1,5-4% aumentando la temperatura dell'aria al di sopra dei 70 °C, fino a raggiungere i 105 °C. In questa fase, i processi enzimatici vengono interrotti, i composti amminici si combinano con le sostanze di degradazione degli idrati di carbonio dando origine a prodotti colloidali di colore scuro con un odore caratteristico, chiamati melanoidine.

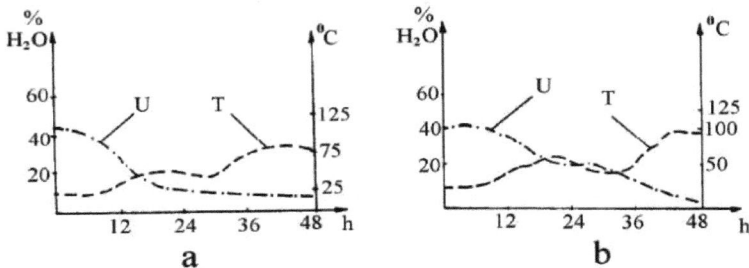

Fig. 1.3. Diagramma di essiccazione del malto verde: a - malto biondo; b - malto marrone.

L'essiccazione del malto verde dipende da una serie di fattori quali la velocità di essiccazione, la temperatura e il flusso d'aria, il tempo di essiccazione, il carico, lo scarico e la miscelazione dell'orzo nell'essiccatore. Esistono due tipi principali di malto secco, i cui indici fisico-chimici sono riportati nella tabella 1.1. e nei diagrammi di essiccazione della figura 1.3:

- malto chiaro o biondo (tipo Pilsen), ottenuto da orzo il più possibile povero di proteine, mediante essiccazione a 75-85 °C in una forte corrente d'aria;
- malto scuro o marrone (tipo Monaco), ottenuto da orzo ricco di proteine, mediante essiccazione a temperature di 101-105 °C.

Pulizia e lucidatura del malto. Dopo l'essiccazione, il malto deve essere ripulito dalle radici, la cui presenza influisce negativamente sulla qualità della birra. Le radici, infatti, a causa del loro elevato contenuto di sostanze amare, possono conferire un sapore sgradevole alla birra e, a causa della loro igroscopicità, causano difficoltà durante la conservazione.

Tabella 1.1. Indicatori fisico-chimici del malto per birra

Specifiche	Malto biondo (tipo Pilsen)	Malto marrone (tipo Monaco)
Umidità, %	3.5-5.0	3.0-4.5
Estratto, in % degli Stati Uniti.	78.0-80.5	76.0-77.5
Tempo di saccarificazione, min.	10-15	20-30
L'entità del pH	5.6-6	4-7
Massa in ettolitri, kg	55-58	52-55
Contenuto di farina, %	90-96	90-95
Figura di Kolbach, %	36-41	28-37
Attività microlitica, 0WK	220-280	100-200

Poiché sull'involucro esterno dei chicchi rimangono una serie di impurità, come polvere, bucce rotte, queste vengono rimosse mediante lucidatura o levigatura, dopodiché il malto viene stoccato in silos dove viene lasciato per almeno un mese e mezzo a maturare.

Oltre ai due tipi classici di malto, nelle attuali tecnologie di produzione della birra vengono utilizzati altri tipi speciali di malto in proporzioni diverse, con il ruolo di conferire al prodotto finito gusto, aroma e colore specifici per l'assortimento, schiumosità, acidità. Tra i malti speciali più famosi, possiamo citare:

Malto caramello: si ottiene dal malto verde o secco, la cui temperatura di essiccazione raggiunge i 160-180 °C, quando parte degli zuccheri si caramellizzano; è dolce e fortemente aromatico, diminuisce il grado di fermentazione e viene utilizzato in proporzione del 15% rispetto al malto biondo nella produzione di una birra dal colore scuro, dall'aroma e dal gusto forte;

Malto colorato o torrefatto: ottenuto da malto verde o secco mediante riscaldamento a tappe fino a 225 °C; è fortemente colorato e amaro e viene utilizzato in proporzione dell'1-3% con il malto biondo nella produzione di una birra marrone;

Malto alle melanoidine: si ottiene dall'orzo ricco di proteine e che per germinazione produce una grande quantità di melanoidine, venendo essiccato a 100-110 °C;

Malto acido: si ottiene dal malto macerato a 45-48 °C, quando sulla superficie del chicco si forma acido lattico (2-4%) per effetto dei batteri lattici; aggiunto alla birra in una proporzione del 3-5% fa diminuire il pH e aumentare l'attività enzimatica;

Malto acuto: è un malto parzialmente solubilizzato, ottenuto dall'essiccazione del malto verde nella fase finale di germinazione; viene utilizzato in una percentuale del 10-15% per correggere la schiumosità della birra o per compensare quando si utilizzano malti eccessivamente solubilizzati;

Malto Vienna: ottenuto da malto essiccato ad alte temperature; nella proporzione del 10-15% viene utilizzato nella produzione di birra lager (la differenza è rappresentata dal malto lager) con un colore rossastro;

Malto Stout: si ottiene dalla tostatura controllata del malto e viene utilizzato nella produzione di varietà di birra scura (birra forte);

Malto Munich: si ottiene essiccando il malto a 105-120 °C e si utilizza per ottenere birra marrone;

Malto ambrato: ottenuto mediante essiccazione progressiva del malto a 150-160 °C, senza saccarificazione;

Malto al cioccolato: si ottiene dalla tostatura del malto a temperature superiori a 160 °C con formazione di pirrolo e pirazine; ha un colore e un sapore intenso, viene utilizzato sia nella produzione di alcuni tipi di birra, sia in alcune bevande forti e dolci;

Malto nero: si ottiene mediante un'accurata torrefazione del malto a temperature fino a 200 °C; il colore è più intenso di quello del malto Chocolate e viene utilizzato nella produzione di birre molto scure;

Malto d'orzo torrefatto: si ottiene dalla tostatura del malto fino a temperature di 210-220 °C, con formazione di pirazine; si usa per ottenere bevande forti e amare, birra scura o per colorare la birra tipo Pils.

I.3. Ottenere il mosto di birra

Il mosto di birra può essere ottenuto dal malto secondo lo schema tecnologico riportato in figura 1.4. Con o senza l'aggiunta di cereali non maltati, per ottenere il mosto di birra sono necessarie le seguenti operazioni principali: macinazione del malto, pressatura per ottenere l'estratto, filtrazione delle fecce, bollitura del mosto con luppolo, raffreddamento e chiarificazione del mosto di birra.

A seconda del tipo e dell'ubicazione delle apparecchiature, gli impianti per la produzione di mosto di birra sono: il sistema classico (presente nei vecchi birrifici), il sistema a blocchi (le apparecchiature principali sono disposte verticalmente a forma di monoblocco) e il sistema Hydro-Automatic (fig. 1.5); in quest'ultimo caso il processo di ottenimento del mosto di birra è automatizzato.

La macinazione del malto viene effettuata per poter passare in soluzione la maggior parte del contenuto enzimatico che, in presenza di acqua e a determinate temperature, può agire e accelerare le reazioni di idrolisi, soprattutto quelle proteolitiche e amilolitiche. Si dovrà evitare di sminuzzare troppo le bucce e i chicchi di malto, poiché servono come materiale filtrante durante la filtrazione delle fecce. A seconda del tipo di impianto di filtrazione, verranno effettuate alcune granulazioni della macinazione (tabella 1.2).

L'operazione di macinazione del malto può essere eseguita in due modi: a secco e a umido. La macinazione a secco può essere effettuata con vari tipi di mulini a rulli, con o senza bagnatura preliminare del malto. Il mash risultante contiene il 25-30% di lolla, il 50-60% di semola e il 12-20% di farina, metodo consigliato per i malti caratterizzati da un'elevata solubilità.

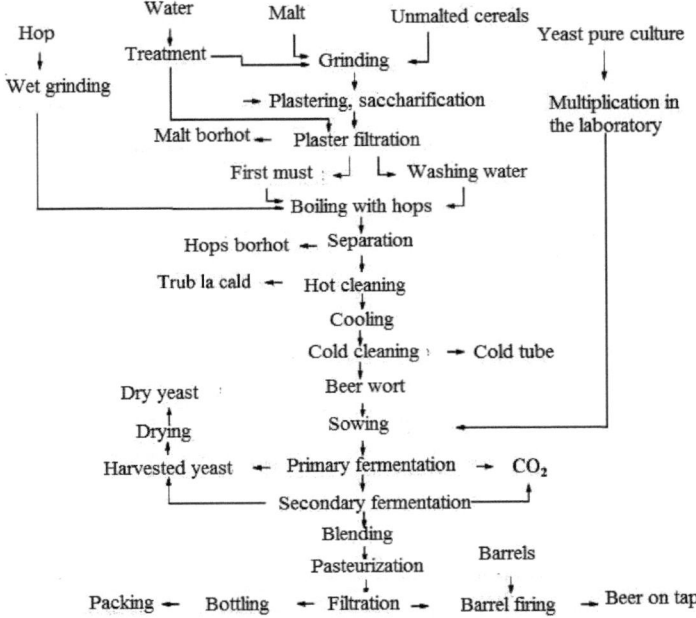

Fig. 1.4. Schema tecnologico della produzione di birra

La macinazione a umido del malto presenta una serie di vantaggi rispetto alla macinazione a secco.

Immergendo il malto in acqua fino a un'umidità del 30%, le bucce dei chicchi diventano elastiche. Di conseguenza, dopo la macinazione, rimangono interi e il fango che si forma nella caldaia del filtro è più sciolto, il che consente di effettuare la filtrazione in tempi brevi. Allo stesso tempo, il processo di passaggio dei polifenoli nel mosto è notevolmente ridotto, con effetti positivi sulla qualità della birra (colore più chiaro e gusto fine).

La colatura e la saccarificazione costituiscono un processo complesso di idrolisi enzimatica di proteine, amido e sostanze grasse dalla miscela di prodotti di macinazione con acqua, a diverse temperature e relative acidità; il processo è noto anche come brasatura.

La degradazione delle albumine durante la brasatura avviene sotto l'azione di enzimi proteolitici, continuando il processo iniziato durante la maltazione, con la formazione di sostanze colloidali a grande molecola, che hanno un ruolo importante nell'ottenere un gusto pieno della birra, una schiuma persistente, un colore chiaro e la resistenza alla conservazione.

Tabella 1.2. Le caratteristiche del trituratore a seconda del tipo di filtro

Numero schermo	Numero di punti per cm^2	Frazione	Proporzione (%)	
			Filtro caldaia	Filtro pressa
1	40		20-30	9-12
		Fusciacca		
2	62		3-5	2-5
		Grana grossa I		
3	206	Grande Gris II	35-40	14-18
4	961	Grana grossa I	12-16	38-48
5	2704	Grande Gris II	4-7	8-12
setaccio cieco	-	Pasto	8-14	12-20

Gli enzimi proteolitici lavorano a 48-50 °C e a un pH di 4,3-5,0. È bene sapere che le proteinasi lavorano a 50 °C e a un pH ottimale di 4,3, mentre le peptidasi a 40-45 °C e a un pH di 7,8-8,6. Di conseguenza, i malti con bassa disgregazione proteica durante la germinazione devono essere mantenuti in pausa proteolitica durante la birrificazione, per periodi di tempo più lunghi e a basse temperature, mentre i malti con un alto grado di solubilizzazione proteica sono sottoposti a una fermentazione di breve durata a temperature più elevate.

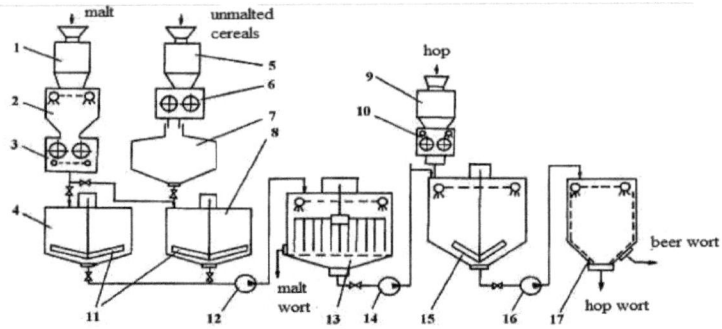

Fig. 1.5. La linea tecnologica per l'ottenimento del mosto di birra nel sistema Hydro-Automatic: 1,5,9 - bilance automatiche; 2-impianto di umidificazione del malto; 3-mulino per la macinazione a umido; 4,8-vasche per la fermentazione-saccarificazione; 6-mulino per cereali; 7-pentola per la bollitura dei cereali non maltati; 10-mulino per la macinazione dei coni di luppolo; 11-agitatori; 12,14,16-pompe; 13-caldaia per il filtraggio; 15-pentola per la bollitura del mosto con luppolo; 17-separatore per il mosto di birra.

Le amilasi, in particolare l'α-amilasi e la β-amilasi, agiscono durante il processo di birrificazione sull'amido, scindendolo in presenza di acqua in maltosio e destrina; l'azione di idrolisi si manifesta in vari modi, ovvero: liquefazione della colla d'amido attraverso la trasformazione del gel in soluzione, con una diminuzione della viscosità, destrinizzazione dell'amido e saccarificazione dell'amido.

La destrinizzazione avviene mediante scissione della molecola di amido, ottenendo come prodotti di degradazione le destrine, che possono essere: amilodestrine, eritrodestrine, acrodestrine e maltodestrine.

La saccarificazione dell'amido si manifesta con una rapida fluidificazione della colla di amido e la comparsa di zuccheri, rispettivamente di maltosio. Così, man mano che si realizza il processo di idrolisi, si passa dalle destrine superiori a quelle inferiori, con una diffusione sempre più accentuata in acqua, reazioni caratteristiche del processo di saccarificazione e che si realizzano a una temperatura di 70 °C e a un pH di 4, 5-5,0. Se il pH scende sotto 4,4 o sale a 8,1, l'attività dell'amilasi si arresta.

Nel mosto di malto deve essere garantito un certo rapporto maltosio-destrina (tabella 1.3.), rapporto che dipende dalla temperatura di fermentazione. Si osserva che con l'aumento della temperatura aumenta la quantità di destrina, diminuisce quella di maltosio e viceversa.

La composizione della polpa è di particolare importanza per ottenere una corretta idrolisi enzimatica. Il processo di saccarificazione procede facilmente se l'amido è scremato e molto difficilmente se è grezzo, non gelatinizzato. Anche le amilasi sciolgono l'amido in proporzioni maggiori o minori e a seconda della sua origine (tabella 1.4).

Tabella 1.3. L'influenza della temperatura di brasatura sul rapporto maltosio-destrina

Temperatura di brasatura (^{0} C)	Maltosio (^{0} C)	Destrina (^{0} C)	R = maltosio/destrina
62.5	78.64	21.85	1/0.17
65.0	70.28	29.72	1/0.42
70.9	62.72	31.20	1/0.46
75.0	59.93	40.07	1/0.67

Durante il processo di fermentazione-saccarificazione, oltre all'idrolisi amilolitica e proteolitica, avvengono altre trasformazioni. Così, sotto l'azione della citasi, le emicellulose si trasformano in pentosani, sostanze gommose in una percentuale del 20% del loro totale. Sotto l'azione della fitasi, a 48 °C e a un pH compreso tra 5,2 e 5,3, la fitina viene decomposta in inosite e fosfati inorganici, che contribuiscono alla composizione delle sostanze tampone nel plasma. La lecitina si decompone in fosfati organici, acidi nucleici e glicerofosforici. A causa dell'acido fosforico, degli aminoacidi e di altri acidi organici sviluppati nel processo di brasatura, il pH si abbassa da 5,8 a 5,3.

Tabella 1.4. Influenza dell'origine dell'amido sul processo di saccarificazione

Fonte di amido	Saccarificazione (%) alla temperatura di:			
	50 C^0	55 C^0	60 C^0	65 C^0

Malto secco	13.07	56.02	91.70	93.62
Malto verde	29.70	58.23	92.13	96.25
Orzo	12.13	55.30	92.81	97.24
Il riso	6.58	9.68	19.68	31.14
Grano	-	62.23	91.08	94.58

La quantità di estratto del mosto primitivo aumenta con la temperatura e la durata del processo di birrificazione, a cui si aggiunge l'influenza del grado di macinazione dei prodotti di macinazione.

Il processo di birrificazione può avvenire attraverso diversi procedimenti: birrificazione per infusione, birrificazione per decozione con uno, due o tre mosti, birrificazione mista e birrificazione specifica per i grani non maltati. Per accelerare il processo, spesso si effettua una pre-infusione mescolando intimamente la macina con acqua in tubi verticali.

Il processo di birrificazione per infusione (fig. 1.6.a) aumenta la temperatura della prugna, fino alla saccarificazione, attraverso l'aggiunta intermittente di acqua calda. Per cominciare, il macinato di malto viene mescolato con acqua, in una proporzione di 1,3-1,4 l/kg, e la temperatura del malto viene portata a 45-50 °C. Qui c'è una pausa necessaria per l'attivazione degli enzimi proteolitici, dopodiché, aggiungendo acqua calda, la temperatura del fegato viene lentamente portata a 65-70 °C. Dopo aver raggiunto questa temperatura, il caglio viene lasciato riposare per 60-90 minuti, durante i quali si ottiene la sua completa saccarificazione. La temperatura viene portata a 75 °C e il fango viene pompato agli impianti di filtrazione.

Il processo di fabbricazione della birra per decozione ottiene l'innalzamento della temperatura della prugna estraendo una porzione di prugna, detta mash, riscaldandola in più fasi fino all'ebollizione, seguita dalla miscelazione con la massa della prugna.

La produzione di birra per decozione con mash (fig. 1.6.b) prevede la miscelazione del malto macinato con acqua calda (4 l/kg), mantenendo la temperatura del mash a 50-52 °C. Si lascia il tempo per la sedimentazione della parte grossolana che si separa e la parte sottile, ricca di enzimi, viene trasferita nella seconda caldaia di flocculazione dove viene mantenuta a 50 °C per l'attivazione degli enzimi proteolitici. La parte sottile viene gradualmente riscaldata a 63 °C, dove viene effettuata una pausa di destrinizzazione, dopodiché la temperatura viene lentamente portata a 70 °C, con mantenimento per la saccarificazione.

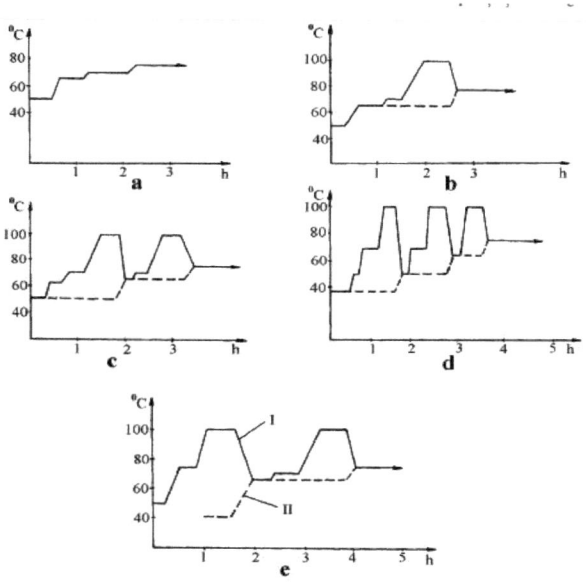

Fig. 1.6. Diagrammi temperatura-tempo dei processi di brasatura: a-per infusione; b-per decozione con una rete; c-per decozione con due reti; d-per decozione con tre reti; e-per cereali non maltati: I-trama di mais, II-trama di malto.

La parte densa viene riscaldata fino all'ebollizione, fatta bollire per circa 25 minuti, raffreddata a 80 °C e gradualmente mescolata con la parte sottile e zuccherata. Mescolando l'intero impasto, la temperatura sale a 75 °C, dopodiché viene inviato con la pompa per la filtrazione.

La produzione di birra per decozione con due masi (fig.1.6.c) è abbastanza diffusa, ottenendo buoni rendimenti con la bollitura e la solubilizzazione delle proteine. Dopo aver mescolato il macinato con acqua in modo che il plasma raggiunga i 52 °C, si prende 1/3 del plasma totale e lo si scalda lentamente fino a 70 °C, si saccarifica per circa 20 minuti, si riscalda fino a 1000C, si fa bollire per 15 minuti, dopodiché si mescola con due terzi, in modo che la massa totale raggiunga una temperatura di 65 °C. Si riprende 1/3 della cagliata che percorre lo stesso percorso termico, mescolando, ottenendo la temperatura finale di 70-72 °C, quando c'è una pausa per la saccarificazione.

L'infusione per decozione con tre maglie (fig. 1.6.d) è il metodo più utilizzato, in particolare
quando si ottiene una birra scura (birra marrone, birra Porter). Per ottenere prodotti adeguati, in questo processo vengono utilizzati solo malti di buona qualità con elevata solubilizzazione. Vengono estratte tre porzioni di fecce, che vengono bollite, reintrodotte e omogeneizzate con la massa delle fecce in modo da garantire i livelli di temperatura ottimali per l'attività enzimatica e per la saccarificazione.

La birrificazione mista è caratteristica di alcuni tipi di birra e prevede l'aggiunta di frumento. Il processo consiste nel far bollire il grano macinato e, dopo il raffreddamento, si aggiunge l'estratto di malto per la saccarificazione. Contemporaneamente, in un altro calderone, si prepara un mosto di malto secondo il metodo di produzione della birra per decozione, dal quale, attraverso la filtrazione, si ottiene il mosto primitivo. Al mosto di malto si aggiunge la crusca di frumento e si continua la filtrazione.

Produzione di birra specifica quando si utilizzano cereali non maltati (fig. 1.6.e). In sostituzione del malto si utilizza la farina di mais, proveniente dalle parti cornee del chicco. Il malto viene sottoposto a un'intensa bollitura, un'operazione che rompe i granuli di amido, dando origine a una feccia amidacea che viene pompata sopra la feccia di malto, preparata a 50-52 °C, dopo la quale si applica il processo di birrificazione scelto.

Un altro metodo si riferisce alla lavorazione separata della crusca di cereali non maltati, con l'aggiunta di latte maltato (malto verde frantumato e trasformato in latte con acqua a 40 °C) e la miscelazione con le fecce di malto. Se viene lavorata la crusca di riso, deve essere rispettata la temperatura di cleificazione, che è di 10° superiore a quella del mais, e la temperatura di saccarificazione della crusca è di 82-92 °C.

Filtrazione a pennacchio. L'operazione di filtrazione delle fecce saccarificate viene effettuata per separare le parti insolubili del mosto chiamate borot e si svolge in due fasi: nella prima fase, il mosto viene separato dalle frazioni solubilizzate per flusso libero, ottenendo il mosto primario, e nella seconda fase si lava il borot con acqua calda fino a esaurirlo nell'estratto (le ultime acque di lavaggio devono avere almeno lo 0,5% di estratto).

La filtrazione può essere effettuata con caldaie a filtro o con una pressa a filtro (fig. 1.7).

La velocità di filtrazione dipende dalla porosità e dallo spessore dello strato di borotalco. All'inizio, la capacità di trattenere le particelle in sospensione è ridotta, la velocità di filtrazione è elevata e il mosto risultante è torbido, motivo per cui viene reintrodotto nel processo di filtrazione. Man mano che lo strato di mosto depositato aumenta, la velocità di filtrazione diminuisce e il mosto risulta sempre più limpido. Durante la filtrazione, la temperatura della polpa non deve superare gli 80°C, nel qual caso le amilasi vengono distrutte e l'amido, non più saccarificato, passa nel mosto.

Il metodo più utilizzato è la filtrazione con l'aiuto del filtro a caldaia. All'inizio lo strato di mosto depositato è sottile, ma man mano che aumenta, aumenta anche la capacità di filtrazione e il mosto drenato è più limpido. A causa dell'aumento della pressione, lo strato di mosto si compatta, aumentando la resistenza al flusso del mosto, ed è necessario allentarlo con l'aiuto del dispositivo di allentamento.

Dopo aver scolato il mosto, si procede al lavaggio del mosto e all'esaurimento dell'estratto, con acqua calda a 75-77 °C, in due o tre fasi, allentando il mosto dopo ogni fase. L'acqua di lavaggio e il mosto primario vengono pompati negli impianti di bollitura del luppolo.

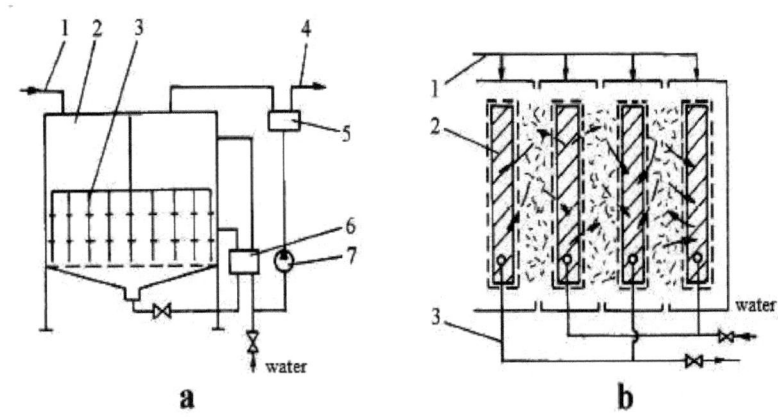

Fig. 1.7. Processi di filtrazione di prugne saccarificate: a-con filtro caldaia; 1-tubo alimentazione della piantaggine; 2-caldaia filtrante; 3-dispositivo per l'allentamento del boro; 4-tubo di scarico del mosto e dell'acqua di lavaggio; 5,6-distributori; 7-pompa; b-con filtro-pressa; 1-tubo di alimentazione della plumada; 2-elemento filtrante; 3-tubo di scarico del mosto e dell'acqua di lavaggio.

Gli impianti di filtrazione del tipo a filtro-pressa utilizzano elementi filtranti del tipo a piastre in tela di cotone o in materiali sintetici. Dopo il montaggio delle piastre filtranti, viene pompata acqua calda che riscalda il filtro a 80 °C e, dopo la sua rimozione, viene pompato il fango saccarificato. La durata del riempimento del filtro con le fecce è pari a quella della raccolta del mosto primitivo. Il lavaggio del borot viene effettuato con acqua calda introducendola due alla volta fino all'esaurimento dell'estratto.

Nell'industria della birra, oltre ai due tipi, ne esistono anche altri, entro limiti limitati di installazioni di filtri.

L'impianto Strainmaster è costituito da un parallelepipedo in acciaio inox con il fondo inclinato verso il centro, dotato di elementi filtranti costituiti da tubi triangolari con il fondo a forma di setaccio e la punta verso l'alto. Disposti in file sovrapposte, perpendicolari alla lunghezza del filtro, sono collegati a un tubo collettore, accoppiato a una pompa di aspirazione a portata variabile. Attraverso l'aspirazione delle parti solide del mosto da parte della pompa, lo strato filtrante si forma sui setacci dei tubi.

L'impianto di filtrazione rotativa sottovuoto utilizza un nastro di tessuto permeabile che avvolge una porzione di tamburo all'interno del quale viene creata una depressione, con il vantaggio principale di poter lavorare in flusso continuo.

L'impianto Pablo si basa sul principio della chiarificazione dei fanghi mediante centrifugazione. La pasta saccarificata viene fatta passare più volte attraverso setacci centrifughi conici ad asse orizzontale.

Bollitura del mosto con luppolo. L'operazione di bollitura del mosto ottenuto dalla filtrazione delle fecce con l'aggiunta di luppolo mira a raggiungere diversi obiettivi.

Solubilizzazione e trasformazione dei componenti del luppolo. Facendo bollire i coni di luppolo con il mosto di birra, le sostanze amare e gli oli essenziali si dissolvono e conferiscono al mosto un aroma specifico. Una parte degli acidi viene isomerizzata, trasformandosi in una proporzione del 40-60% in isohumuloni.

Il grado di solubilizzazione delle sostanze utili dei coni di luppolo dipende dal tempo di bollitura, dal pH del mosto e dalla quantità di luppolo aggiunto.

Coagulazione e precipitazione delle proteine. La coagulazione delle proteine avviene nella prima parte dell'ebollizione del mosto e più è completa, maggiore è la stabilità della birra. In presenza di tannino di luppolo solubilizzato dall'ebollizione, le proteine precipitano in composti insolubili che formano il trub. Se la temperatura di precipitazione è superiore a 60 °C, si parla di trub caldo ed è solitamente costituito da particelle grossolane, mentre se la temperatura di precipitazione è inferiore a 60 °C, si parla di trub freddo, essendo costituito da particelle fini.

Distruzione degli enzimi e dei microrganismi vegetativi. Con la bollitura, il resto degli enzimi contenuti nel mosto viene inattivato e subisce anche una sterilizzazione termica. Ciò impedisce al mosto di entrare in fermentazione libera. Allo stesso tempo, il pH del mosto scende da 5,8 all'inizio della bollitura a 5,2-5,5 alla fine.

Concentrazione del mosto. Il mosto ottenuto dalla miscelazione del mosto primario con l'acqua di lavaggio ha una bassa concentrazione saccarometrica ed è necessario rimuovere parte dell'acqua. La durata della bollitura e la concentrazione a fine bollitura dipendono dal tipo di birra che si vuole ottenere.

La colorazione del mosto. Grazie alla presenza di zuccheri e amminoacidi nel mosto, ad alte temperature si combinano per formare le melanoidine, composti che conferiscono il colore specifico al mosto bollito con il luppolo. L'intensità del colore aumenta con la durata e l'intensità della bollitura e con il colore del malto utilizzato.

La formazione di riduttori. I reduttoni sono sostanze riducenti che si formano durante l'ebollizione del mosto e che possono fissare una quantità maggiore o minore di ossigeno. Grazie alla loro azione riducente, influenzano la stabilità colloidale, che aumenta con il contenuto di reduttoni nel mosto.

La quantità di luppolo introdotta nel processo di produzione dipende da: il tipo di birra, la qualità del luppolo, la natura del malto, il metodo di bollitura, la qualità dell'acqua e il metodo di fermentazione. Con una bollitura di breve durata si ottiene un mosto debolmente aromatico e fine, indipendentemente dalla quantità di luppolo aggiunto. Se la bollitura è lunga, il luppolo può essere aggiunto in piccole porzioni, ottenendo un mosto con un aroma di luppolo pronunciato.

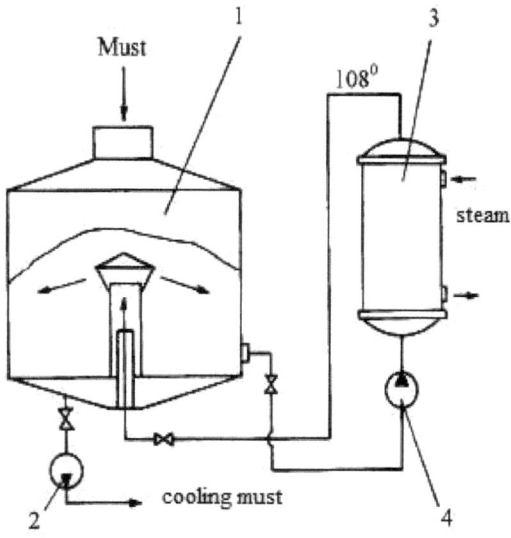

Fig. 1.8. L'impianto di bollitura del mosto con riscaldamento esterno e ricircolo; 1-caldaia; 2,4-pompe; 3-scambiatore di calore

La bollitura del mosto con il luppolo avviene nelle classiche caldaie ad alta capacità con riscaldamento interno o, più recentemente, in caldaie con riscaldamento esterno (fig. 1.8). Queste ultime garantiscono una ricircolo continuo e riscaldamento supplementare del mosto con uno scambiatore di calore. L'ebollizione avviene a 110 °C con una leggera sovrapressione, con i vantaggi che ne derivano.

Tali impianti di bollitura abbreviano il tempo di ebollizione del 25%, non intrappolano l'aria, ottengono mosti di colore chiaro e con un basso contenuto di azoto coagulabile, una migliore filtrabilità della birra e una migliore stabilità al freddo.

Poiché i tassi di reazione chimica e di glutinizzazione, l'isomerizzazione degli acidi alfa e iso-alfa e la coagulazione delle proteine aumentano con la temperatura (la durata delle reazioni è di 90 minuti a 100 °C e scende a 3-5 minuti a temperature di 140-145 °C), sono stati realizzati impianti per l'ebollizione continua del mosto ad alte temperature (fig. 1.9).

Il mosto risultante dalla pressatura viene quindi stoccato in un recipiente tampone, dove viene mescolato con il luppolo. A una temperatura di 75 °C e a una pressione di 6 atm. il mosto viene pompato nel primo scambiatore di calore, dove la temperatura viene portata a 95 °C (stadio I). Segue un riscaldamento a 115 °C (fase II) e nell'ultimo scambiatore di calore a 140 °C (fase III), dove viene effettuato un mantenimento per far avvenire le reazioni desiderate. Dalla batteria di mantenimento, il mosto subisce un primo rilassamento a 120 °C e a una pressione di un'atmosfera, seguito da un secondo rilassamento a pressione atmosferica.

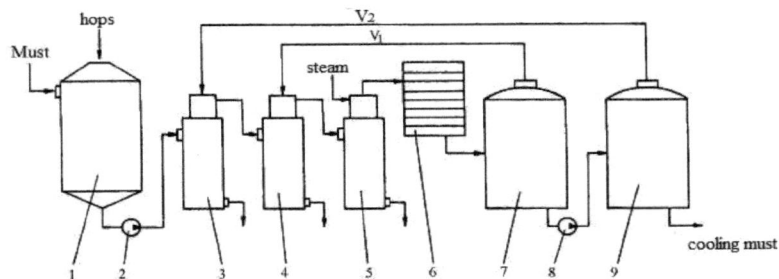

Fig. 1.9. L'impianto per la bollitura del mosto con luppolo ad alta temperatura: 1-serpentina; 2,8-pompe; 3-scambiatore di calore I; 4-scambiatore di calore II; 5-scambiatore di calore III; 6-serpentina; 7-serpentina I; 9-serpentina II; V1-vapori secondari I; V2-vapori secondari II.

I vapori risultanti dall'espansione vengono utilizzati per il riscaldamento negli scambiatori di calore; solo nel terzo scambiatore di calore vengono introdotti come vapore sotto pressione.

Dopo l'ebollizione, il mosto viene separato dal luppolo, operazione eseguita con un separatore dotato di filtro a setaccio, e per recuperare l'estratto di mosto viene lavato con acqua. In base alla quantità di estratto ottenuto per chilogrammo di malto o di altre materie prime, è possibile determinare la resa di bollitura.

Raffreddamento e chiarificazione del mosto. Dopo aver fatto bollire il mosto e aver separato il mosto dal luppolo, è necessario raffreddare e trattenere il mosto, in modo da portare la temperatura del mosto ai valori a cui viene effettuata la semina con le colture di lievito.

Processo complesso, svolto in presenza di aria, che provoca trasformazioni chimiche come risultato dell'ossidazione di maltosio, glucosio, levulosio, sostanze proteiche, ecc. Come effetto dell'ossidazione, il mosto scurisce di colore e la birra acquisisce un gusto specifico. Il raffreddamento a contatto con l'aria favorisce l'infezione del mosto da parte di microrganismi, pertanto è necessario adottare misure per purificare l'aria e ridurre il grado di contaminazione.

Il raffreddamento del mosto avviene solitamente in due fasi: un preraffreddamento da 100 °C a 65 °C e un raffreddamento profondo da 65 °C alla temperatura di semina dei lieviti (6-7 °C per la fermentazione di fondo e 12-18 °C per la fermentazione superiore). Il trub è il precipitato formato dalla coagulazione, sotto l'azione del calore, dei polifenoli del luppolo e dell'ossigeno, delle frazioni proteiche macromolecolari.

Il tubo caldo si forma durante il periodo di ebollizione del mosto con il luppolo e si separa durante la fase di pre-raffreddamento. È costituito da particelle più grossolane (dimensioni comprese tra 30-80 μm) e viene rimosso dal mosto per sedimentazione, centrifugazione o in cicloni di decantazione.

Il tubo freddo si forma durante il raffreddamento profondo, dopo la separazione del tubo caldo. È costituito da particelle fini e la sua separazione avviene in una percentuale massima dell'80-85%, per sedimentazione, centrifugazione, flottazione o filtrazione con farina fossile.

I.4. Fermentazione e condizionamento della birra

La fermentazione del mosto di birra ha lo scopo di trasformare gli zuccheri fermentabili in alcol e anidride carbonica, sotto l'azione di colture di lieviti puri. Il processo di fermentazione si svolge in due fasi: la fermentazione primaria o principale e la fermentazione secondaria o maturazione.

La fermentazione primaria del mosto di birra consuma circa 2/3 degli zuccheri fermentabili dell'estratto, dando origine alla cosiddetta birra giovane. Il mosto raffreddato a 6-7 °C viene introdotto nei recipienti di fermentazione dove avviene la semina con la sospensione di lievito, ottenuta nelle stazioni per le colture di lievito puro. Viene fatta una bolla con aria purificata sia per disperdere e omogeneizzare il lievito, sia per stimolare la fermentazione, un processo che si svolge in diverse fasi.

Nella prima fase, il lievito si moltiplica intensamente, inizia il rilascio di anidride carbonica e si forma una schiuma bianca su tutta la superficie del liquido, con piccole quantità di resine di luppolo e sostanze albuminoidi precipitate.

La seconda fase della fermentazione dura 2-3 giorni ed è caratterizzata dall'aumento del rilascio di CO_2, con la formazione di una spessa schiuma sulla superficie del liquido e la diminuzione del contenuto dell'estratto dello 0,5-1,0% al giorno.

La terza fase, detta anche fase delle creste alte, dura 3-4 giorni ed è caratterizzata da una fermentazione intensa, dalla rimozione sempre più forte delle resine del luppolo e dalla diminuzione del contenuto di estratto.

L'ultima fase di fermentazione dura due giorni ed è caratterizzata dalla graduale diminuzione della schiuma e dalla chiarificazione della birra. Il lievito si deposita in forma compatta sul fondo dei recipienti di fermentazione in tre strati:

- uno strato superiore marrone, composto da resine di luppolo, proteine precipitate e cellule di lievito;

- uno strato intermedio di colore chiaro composto da cellule di lievito sane;

- uno strato inferiore costituito da trub e cellule di lievito morte.

La birra giovane ottenuta dalla fermentazione primaria è caratterizzata da un sapore e un aroma sgradevoli, a causa di alcuni prodotti secondari derivanti dalla fermentazione, è torbida per la presenza di particelle in sospensione e con un contenuto di CO_2 insufficiente.

Fermentazione secondaria. La continuazione del processo di fermentazione primaria avviene in serbatoi chiusi, dove il resto dell'estratto fermentabile viene trasformato in alcol e CO_2, in modo che l'estratto rimanente nella birra non superi il 2,8-3,0%. Durante la fermentazione secondaria, si verifica una saturazione della birra in anidride carbonica, una chiarificazione e una maturazione della stessa, finalizzando le caratteristiche specifiche della birra. Con la diminuzione della temperatura e il gorgogliamento con CO_2, si verifica la coagulazione delle sostanze azotate, delle resine del luppolo e dei tannini che si depositano insieme ai lieviti.

La durata della fermentazione secondaria dipende dal tipo di birra, dalla concentrazione della birra nell'estratto, dalla quantità di luppolo, dal grado di fermentazione, dalla temperatura e dalla pressione a cui avviene il processo. La durata può essere ridotta mediante agitazione del mosto, fermentazione sotto pressione o fermentazione in bioreattori.

Oltre al processo di fermentazione, durante lo stoccaggio nei serbatoi avviene il processo di maturazione della birra attraverso il quale si stabiliscono il suo gusto, l'aroma e il bouquet, qualitativamente influenzati dagli alcoli superiori e dagli esteri che si formano durante questo periodo.

Verso la fine della fermentazione secondaria, la birra dovrebbe essere limpida. Se è torbida e non deposita il lievito, si tratta di lieviti selvatici in polvere o di batteri. In alcuni casi, la torbidità è causata da particelle non disaggregate, provenienti da malti poco solubilizzati, da una produzione impropria o da una separazione incompleta del trub fine.

Al termine della fermentazione secondaria, la birra può essere chiarificata con varie sostanze allo scopo di aumentare la resistenza ai disturbi colloidali o di eliminare il sapore sgradevole. La birra può essere trattata con: colla di pesce mescolata con agar-agar (circa 6,5-8,0 g/hl), tannino, bentonite (50-250 g/hl), gel di silice (50-200 g/hl), carbone attivo (20-50 g/hl), preparati enzimatici (2-4 g/hl), sostanze riducenti o poliammidi (100 g/hl), ecc.

La fermentazione continua. Per migliorare il processo di fermentazione e aumentare la produttività, sono stati creati impianti di fermentazione della birra in continuo; quelli che vengono applicati su scala industriale sono presentati di seguito.

L'impianto Coutts (fig. 1.10) è caratterizzato dalla regolazione del processo di fermentazione con l'aiuto della variazione di temperatura, della concentrazione di lievito e della velocità degli agitatori nei serbatoi di fermentazione.

Il mosto viene portato nel primo serbatoio dove avviene la fermentazione, con una dose di lievito circa 10 volte superiore a quella attualmente utilizzata, dopodiché viene trasferito nel secondo serbatoio dove avviene la maturazione. Il lievito viene separato con un decanter, parte del quale viene fatto ricircolare con l'aiuto di una pompa, e la birra viene fatta passare attraverso un filtro a farina fossile per una chiarificazione fine.

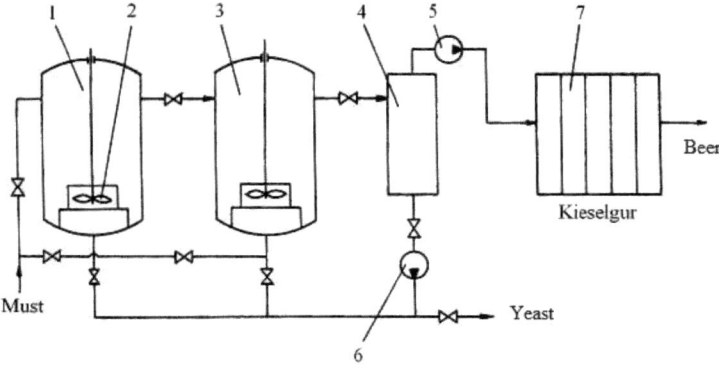

Fig. 1.10. Impianto di fermentazione del mosto di birra Coutts: 1,3 serbatoi; 2-agitatore; 4-decantatore di lieviti; 5,6-pompe; 7-filtro

L'impianto Deniskov (fig. 1.11) è del tipo a cascata. Il mosto di birra e il lievito di semi vengono fatti passare successivamente attraverso serbatoi dotati di agitatori, dove avviene la fermentazione.

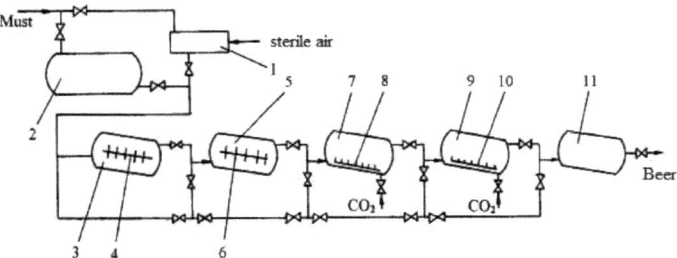

Fig. 1.11. Impianto Deniskov per la fermentazione continua del mosto di birra: 1-stazione per le colture di lievito; 2-contenitore di tampone; 3,5,7,9-serbatoi di fermentazione; 4,6-agitazione; 8,10-dispositivi di gorgogliamento; 11-serbatoio di raffreddamento.

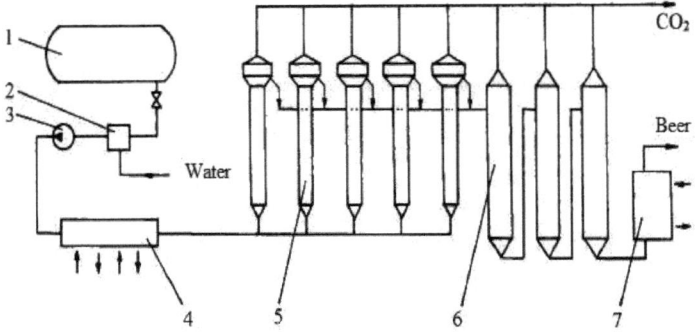

Fig. 1.12. Installazione APV per la fermentazione continua del mosto di birra: 1-serbatoio; 2-distributore di concentrazione; 3-pompa; 4-pastorizzatore; 5-torri di fermentazione; 6-serbatoi di maturazione; 7-raffreddatore.

I serbatoi successivi sono dotati di gorgogliatori di anidride carbonica, che fanno maturare la birra, che viene infine trasferita in un serbatoio di raffreddamento. Attraverso un sistema di tubazioni, il mosto può essere miscelato con la birra in uno qualsiasi dei serbatoi.

L'impianto APV (fig. 1.12) è costituito da torri di fermentazione e serbatoi di maturazione della birra, con struttura verticale. Il mosto di birra diluito alla concentrazione desiderata viene pastorizzato e poi dosato simultaneamente in tutte le torri di fermentazione. Dopo la fermentazione, la birra viene trasferita nei serbatoi di maturazione e infine raggiunge un impianto di raffreddamento.

Chiarificazione della birra. Indipendentemente dal metodo di fermentazione utilizzato, la birra risultante richiede la rimozione delle sostanze torbide, migliorando così le qualità sensoriali e la stabilità. La torbidità della birra è causata da sospensioni grossolane (cellule di lievito, proteine, resine di luppolo coagulate), sostanze colloidali e sostanze disciolte a livello molecolare, per la cui rimozione vengono utilizzati vari processi:

- chiarificazione chimica o enzimatica, utilizza agenti chimici che determinano la precipitazione e il deposito delle sostanze che producono la torbidità;

- La chiarificazione per centrifugazione è una chiarificazione grossolana dopo la quale i composti colloidali non vengono rimossi;

- La chiarificazione per filtrazione è il metodo più utilizzato, grazie al quale è possibile trattenere particelle di qualsiasi dimensione.

La filtrazione della birra realizza la ritenzione meccanica delle particelle da parte dei pori del materiale filtrante, in due varianti: passaggio della birra attraverso una massa filtrante, composta da lastre di amianto, cotone o farina fossile, rispettivamente passaggio della birra con il materiale filtrante, precedentemente dosato nel prodotto, attraverso setacci metallici, materiali porosi, tele e cartoni di cotone, letto alluvionale di farina fossile, che hanno il ruolo di trattenere la massa filtrante con le particelle di torbidità.

Imbottigliamento della birra. Dopo il filtraggio, la birra viene pompata in serbatoi di calma, che servono anche come contenitori tampone per gli impianti di imbottigliamento. La birra come prodotto finito viene distribuita in bottiglie di vetro, in banda stagnata o in fusti di alluminio e acciaio inossidabile; per questo motivo l'imballaggio deve essere ben lavato e disinfettato, in modo che a contatto con la birra non ne alteri la qualità. Indipendentemente dal tipo di imballaggio, l'imbottigliamento viene effettuato in modo isobarometrico (la pressione nel serbatoio è uguale a quella nell'imballaggio).

Per conferire alla birra la massima stabilità biologica possibile, può essere pastorizzata prima del versamento o dopo il versamento, insieme alla confezione. L'operazione di pastorizzazione può essere eseguita in diversi modi:

- pastorizzazione a vapore in locali chiusi;
- pastorizzazione con aria riscaldata in locali chiusi;

- pastorizzazione con docce d'acqua a flusso continuo;
- pastorizzazione in bagni d'acqua;
- pastorizzazione mediante riempimento a caldo.

Dopo che la birra viene versata nella confezione, avvengono una serie di trasformazioni che in alcuni casi possono causare l'intorbidimento della birra. Una causa è rappresentata dai microrganismi estranei che hanno infettato la birra durante il processo tecnologico e che, con il loro sviluppo, causano disturbi biologici alla birra. Un'altra causa è l'ossidazione dovuta all'ossigeno accumulato nelle varie operazioni tecnologiche, reazioni accentuate dalla conservazione della birra ad alte temperature e in presenza di radiazioni solari. Qualsiasi alterazione del sistema colloidale porta alla formazione di precipitati che intorbidiscono la birra. La produzione di birra è quindi un processo tecnologico complesso, in cui la qualità del prodotto finito dipende da una moltitudine di fattori; la tendenza attuale è quella di utilizzare linee tecnologiche con controllo automatico dei parametri tecnologici.[1]

II. Confronto delle proprietà reologiche del mosto luppolato e del mosto di malto

II.1. Introduzione

La conoscenza delle proprietà termofisiche e chimiche della birra e dei vari prodotti di processo durante la produzione della birra (come il mash, il mosto di birra, ecc.) è molto importante per la progettazione e la valutazione delle apparecchiature di lavorazione industriale. Una categoria particolare di proprietà fisiche è il comportamento reologico dei prodotti liquidi. Ad esempio, tra le proprietà reologiche si possono annoverare la viscosità, la densità o la dipendenza della velocità di taglio dallo sforzo di taglio. La misurazione delle proprietà reologiche delle sostanze è utilizzata in molti settori come la gestione dei rifiuti [2], l'industria dei liquidi di processo [3,4] e l'industria alimentare (produzione di maionese o ketchup, produzione di bevande).

La reologia può essere utilizzata nell'industria della birra. Ad esempio, l'autore Severa [5] afferma che la misurazione della viscosità è importante negli impianti, dove sono collocati sistemi di misura con misurazione automatica per il controllo del funzionamento. In generale, la misurazione della viscosità è importante in quattro fasi: durante il controllo della qualità del malto, la valutazione della qualità del mosto dolce, durante i processi di filtrazione e la descrizione della birra [6]. Le varie proprietà reologiche dei prodotti di processo durante la produzione della birra e delle birre sono state determinate in diversi lavori di autori diversi. L'autore Severa *et al.* si occupa delle proprietà reologiche del mosto dolce per la birra lager, del mosto luppolato per la birra chiara o della viscosità della birra scura [7] Gli autori successivi si occupano delle proprietà reologiche dei prodotti finiti - la birra. Ad esempio, gli autori Hlavač e Božikova risolvono il problema della reologia della birra scura [8-10] o confrontano le proprietà reologiche e termofisiche di varie birre [8, 11].

Tuttavia, la problematica del comportamento reologico del mosto luppolato e del mosto dolce è poco discussa. Il lavoro dell'autore Severa *et al.* è una delle eccezioni. Lo scopo di questo lavoro è quello di integrare le conoscenze su alcune proprietà reologiche del mosto luppolato e del mosto dolce e di confrontarle tra loro.

II.2. Materiale e metodi
II.2.1. Campione

Per la ricerca delle proprietà reologiche sono stati utilizzati campioni di mosto di malto e di mosto luppolato. Questi prodotti intermedi si formano durante la produzione di birra lager leggera. Per la birrificazione è stato utilizzato malto d'orzo. Il tipo di fermentazione è stato quello di fondo. Per la produzione del mosto di malto è stato utilizzato il metodo dell'infusione.

I campioni di mosto di malto e di mosto luppolato sono stati raccolti dal laboratorio di birra, che si trova presso l'Università Mendel di Brno. I campioni sono stati trasportati in laboratorio contemporaneamente.

La densità dei singoli campioni è stata misurata con il metodo del picnometro. A tale scopo sono stati utilizzati picnometri con un volume di 50 ml e una bilancia analitica Radwag AS 220/X (Polonia) con una precisione di 0,0001 g. Per ogni campione di liquido il valore della densità è stato eseguito in tre ripetizioni.

II.2.2. Misura reologica

Le misurazioni reologiche delle sostanze utilizzate per il presente lavoro sono state eseguite sul reometro Anton Paar MCR 102 (Austria) con geometria di misura piastra-piastra. Il diametro del cono era di 50 mm, lo spazio tra le piastre di 0,5 mm. Le curve di fluidità sono state modellate utilizzando il modello di Herschel-Bulkley, dato dall'equazione:

$$\tau = \tau_0 + K\dot{\gamma}^n \qquad (2.1)$$

τ = sforzo di taglio [Pa],

τ_0 == tensione di snervamento [Pa],

K = coefficiente di coerenza [-],

n = indice di comportamento del flusso [-],

$\dot{\gamma}$ = velocità di taglio [s^{-1}].

La variazione della viscosità dinamica in funzione della temperatura è stata misurata nell'intervallo di temperatura 5-40 °C. La velocità di taglio è stata costante con un valore di 10 s . La velocità di taglio è stata costante con un valore di 10 s^{-1}. Dove la viscosità dinamica è data dall'equazione:

$$\eta = \frac{\tau}{\dot{\gamma}} \qquad [Pa.s] \; (2.2)$$

τ = .sforzo di taglio [Pa],

$\dot{\gamma}$ = velocità di taglio [s^{-1}].

Per determinare la dipendenza matematica tra la viscosità e l'aumento della temperatura è stato utilizzato il modello matematico di Arrhenius, dato dall'equazione:

$$\eta = \eta_0 \cdot e^{\frac{E_A}{RT}}, Pa.s \qquad (2.3)$$

η_0 = valore iniziale della viscosità dinamica [Pa·s],

E_A = energia di attivazione [J],

R = costante universale dei gas [J·K^{-1}·mol]$^{-1}$

T = temperatura termodinamica [K].

II.3 Risultati e discussione

Le proprietà chimiche e fisiche misurate del prodotto finale sono riportate nella Tab. 2.1. Anche i valori di densità del mosto di malto e del mosto luppolato sono riportati in questa tabella. La dipendenza della viscosità dinamica dalla temperatura di entrambe le sostanze è illustrata nella Fig. 2.1. Da questa figura è evidente che la viscosità dinamica del mosto luppolato a 5 °C è diverse volte superiore. Ma i valori sono paralleli a partire dalla temperatura di 20 °C. Con ogni probabilità questa situazione è causata dalle particelle, che sono contenute nel mosto luppolato in misura maggiore e creano un sistema colloidale.

Le particelle sono costituite soprattutto dal resto delle teste di luppolo o dagli scarti di malto. Secondo diversi lavori, la viscosità dinamica dipende soprattutto dalla temperatura e dal contenuto di β-glucani [12]. La viscosità del mosto di malto varia da 1,75 a 2,1 mPa.s [8, 13] e quella del mosto luppolato è di circa 1,8 mPa.s [13]. Questi valori sono in accordo con i valori misurati. In questo caso, entrambi i valori si aggirano intorno a 1,7 mPa.s alla temperatura di 20 °C. Tuttavia, i valori erano significativamente diversi alla temperatura di 5 °C. La viscosità del mosto luppolato era di 10,3 mPa.s e quella del mosto di malto di 2,7 mPa.s.

Successivamente, la dipendenza dell'aumento della temperatura dalla viscosità è stata sottoposta a ulteriori analisi matematiche. Per queste analisi è stato utilizzato il modello matematico di Arrhenius, mostrato nell'equazione (2.4). Il logaritmo di questa equazione è:

$$\ln \eta = \ln \eta_0 + \frac{E_A}{RT} \qquad (2.4)$$

Da questa equazione è stata determinata l'energia di attivazione E_A mediante analisi di regressione. Il modello di Arrhenius applicato ai campioni di mosto di malto e di mosto luppolato è mostrato nella Fig. 2.2 Mediante l'analisi di regressione è stato calcolato il coefficiente di determinazione per i singoli campioni, che ha raggiunto i seguenti valori: Mosto di malto - $R^2 = 0,88$, Mosto luppolato - $R^2 = 0,90$. Il valore dell'energia di attivazione era il seguente: Mosto di malto - 21,17 kJ·mol^{-1} , Mosto luppolato - 42,8 kJ·mol^{-1} .

Tabella 2.1. Proprietà fisico-chimiche di base del prodotto finale - birra lager

Parametro	Unità	Valore
Peso alcolico	%	3.83
Alcol in volume	%	4.93
Il contenuto originale di zucchero	%	13.6
nel mosto di malto	%	
Grado di fermentazione	%	72.02
Estratto vero	%	5.80
Estratto apparente	%	3.68
Densità della birra lager	kg.m^{-3}	1015.2
Colore	Brix	8.09
Densità del mosto di malto (20 °C)	kg.m^{-3}	1019.1
Densità del mosto luppolato (20 °C)	kg.m^{-3}	1073.6

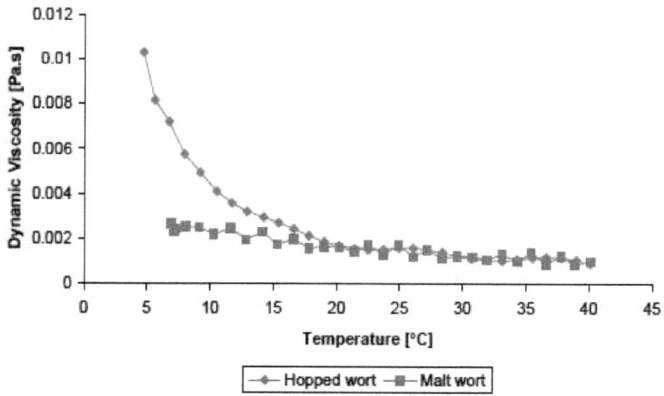

Fig.2.1. La dipendenza della viscosità dinamica dalla temperatura

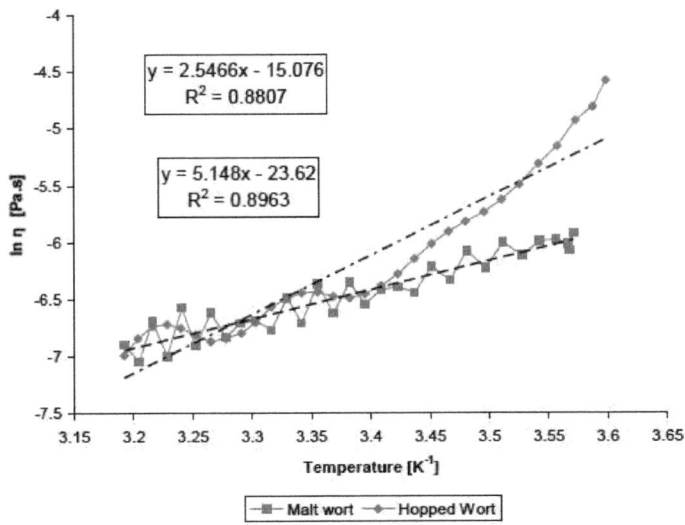

Fig.2.2 Valutazione del modello di Arrhenius del mosto di malto e del mosto luppolato

Le Fig. 2.3 e 2.4 descrivono le prove ad anello di isteresi. Questo tipo di test reologico viene utilizzato per valutare i fluidi non newtoniani. Dalla Fig. 2.3 è evidente che la dipendenza tra lo sforzo di taglio e la velocità di taglio è lineare. Le curve si sovrappongono all'aumentare e al diminuire della velocità di taglio. Fa eccezione la dipendenza misurata alla temperatura di 5 °C. Il piccolo loop generato durante la misurazione. Il piccolo loop generato durante la misurazione. La situazione è simile anche nel caso del mosto luppolato. Con la differenza che il loop di isteresi del mosto luppolato misurato alla temperatura di 5 °C è più grande. Questa differenza è evidente dalla Tab. 2.2.. Qui sono riportati i valori delle aree di isteresi e l'area di isteresi del mosto luppolato è quasi cinque volte più grande di quella del mosto di malto. Ciò è dovuto al contenuto di particelle che cambiano posizione a basse temperature.

Per valutare la dipendenza dello sforzo di taglio dalla velocità di taglio è stato scelto il modello matematico di Herschel-Bulkley. Questo modello è utilizzato per la descrizione della curva di fl usso dei materiali con comportamento di shearthinning o shear-thickening. Questo modello è utilizzato per la valutazione del comportamento reologico di varie bevande, ad esempio succhi di frutta [14], o di altri alimenti come la maionese [15], la senape [16] ecc.

Per questo motivo è stato utilizzato il modello di Herschel-bulkley per valutare il comportamento reologico del mosto di malto e del mosto luppolato. I risultati della modellizzazione sono mostrati nella Tab. 3.2.. L'indice di consistenza k indica lo sforzo di taglio estrapolato alla velocità di taglio unitaria. L'indice di fluidità rappresenta il tasso di deviazione dal comportamento newtoniano; quando $n < 1$, la viscosità dinamica del campione diminuisce, mentre la viscosità dinamica del campione aumenta quando $n > 1$.

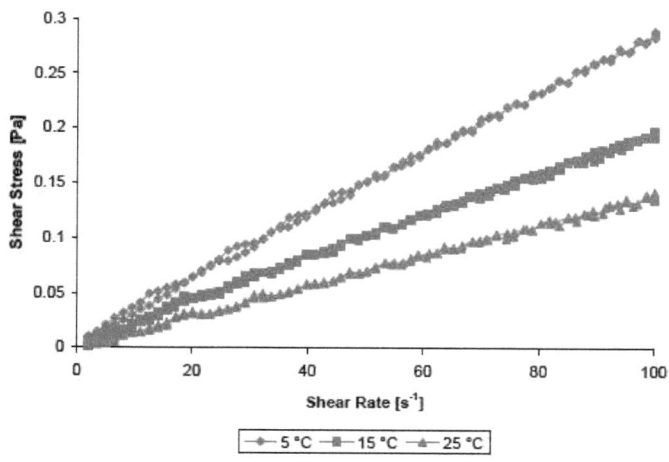

Fig.2.3. Test sui loop di isteresi del mosto di malto

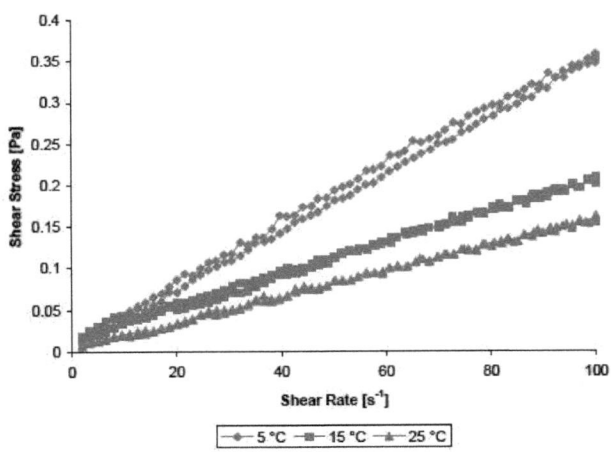

Fig.2.4. Test sui loop di isteresi del mosto luppolato

Tabella 2.2. Aree di isteresi a varie temperature

Campione	Temperatura		
	5 °C	15 °C	25 °C
Mosto di malto	0,21 Pa·s^{-1}·ml^{-1}	0,1 Pa·s^{-1}·ml^{-1}	0,01 Pa·s^{-1}·ml^{-1}
Mosto luppolato	1,59 Pa·s^{-1}·ml^{-1}	0,07 Pa·s^{-1}·ml^{-1}	0,06 Pa·s^{-1}·ml^{-1}

Tabella 3.2. Parametri reologici del modello matematico di Herschel-Bulkley

Campione	Temperatura [°C]	R^2	n	k
Mosto di malto	5	0.9990	0.92	0.0042
	15	0.9981	0.86	0.0037
	25	0.9969	0.99	0.0015
Mosto luppolato	5	0.9148	0.99	0.0036
	15	0.9963	0.94	0.0025
	25	0.9975	1.04	0.0013

Sulla base delle conoscenze ottenute con le misurazioni, entrambi i tipi di fluidi si comportano a 5 °C come sostanze non newtoniane. In particolare, queste sostanze si comportano come fluidi tissotropici. Tuttavia, è probabile che queste sostanze si comportino come fluidi che si assottigliano o si ispessiscono al taglio. Le differenze tra questi fenomeni sono molto discusse. Tuttavia, la differenza fondamentale tra questi tipi di fluidi è che i comportamenti di shear-thinning e shear-thickening dei materiali sono comportamenti reologici indipendenti dal tempo. D'altra parte, il comportamento tixotropico o reopettico è un comportamento reologico dipendente dal tempo. Per questo motivo è necessario eseguire test di dipendenza dal tempo per confermare o confutare le congetture.

Il test reologico successivo riguarda la dipendenza dal tempo della sostanza misurata. Questo test descrive la dipendenza della viscosità dal tempo. I risultati delle prove sono riportati nelle Fig. 2.5 e 2.6. Da questi grafici è evidente che solo la curva del mosto luppolato ha una tendenza all'aumento alla temperatura di 5 °C.

Le altre curve sono approssimativamente costanti. Le fluttuazioni dei valori di misura sono dovute alle condizioni ambientali. Lo spazio tra le piastre del reometro è relativamente grande e la viscosità è bassa.

Per questo motivo la sostanza può essere trascinata dalla forza centrifuga verso il basso e può causare temporaneamente una diminuzione dello sforzo di taglio.

In base ai fatti, il mosto luppolato ha un comportamento tixotropico a 5 °C. Il comportamento reologico cambia in quello di un fluido newtoniano se la temperatura aumenta. Ma il confine tra comportamento tissotropico e newtoniano è molto vicino. Lo stesso vale per il mosto di malto. Questo campione presenta una piccola area di isteresi alla temperatura di 5°C. Ma la viscosità è costante nel tempo. Tuttavia, i valori dell'area di isteresi sono così bassi che questo tipo di campione può essere valutato come fluido newtoniano a tutte le temperature.

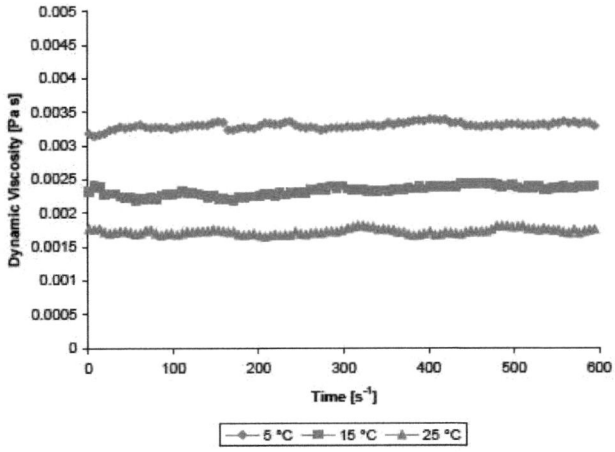

Fig.2.5. La dipendenza della viscosità del mosto di malto dal tempo

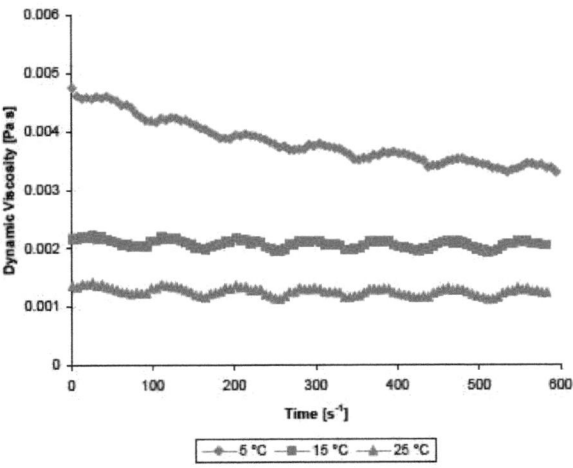

Fig. 2.6. La dipendenza della viscosità del mosto luppolato dal tempo

II.4. Conclusioni

La determinazione delle proprietà reologiche dei prodotti durante la fermentazione della birra è molto importante per il controllo della qualità del prodotto in uscita o dei processi di filtrazione. Le proprietà reologiche delle birre sono state determinate in dettaglio, ma le proprietà reologiche dei semiprodotti che si formano durante la fermentazione della birra non sono state descritte in dettaglio. Questi prodotti includono il mosto di malto e il mosto luppolato. Generalmente il mosto luppolato ha una viscosità più elevata rispetto al mosto di malto e presenta proprietà di flusso diverse. Questa differenza è evidente soprattutto a basse temperature. Ad esempio, il mosto di luppolo mostra un comportamento tixotropico a 5 °C. Durante i test è stato creato un ciclo di isteresi e nell'esperimento successivo è stato dimostrato che si tratta di una sostanza dipendente dal tempo. Quando le temperature sono più elevate, il comportamento non newtoniano si trasforma in comportamento newtoniano. Mentre il mosto di malto mostra un comportamento newtoniano a tutte le temperature. Questa situazione è causata dal contenuto di piccole particelle nel mosto luppolato, che creano un sistema colloidale. Le particelle sono costituite soprattutto dal resto delle teste di luppolo o dagli scarti di malto, che tendono ad agglomerarsi. Le particelle agglomerate si separano durante l'azione di forza sul fluido e la viscosità diminuisce. Quando l'azione di forza cessa, le particelle separate si agglomerano nuovamente e la viscosità aumenta.

III. Caratteristiche reologiche e microbiologiche delle particelle di luppolo e trub caldo formatesi durante la produzione della birra

III.1. Introduzione

Per molti anni, la produzione di rifiuti industriali è aumentata a un ritmo allarmante in tutto il mondo [17]. Nell'industria alimentare, compresa quella della birra, esistono molti problemi di gestione e smaltimento dei rifiuti. Allo stesso tempo, essi generano costi significativi e sono un aspetto importante nelle operazioni di birrificazione [18,19]. In particolare, ciò riguarda l'uso di nuove ricette per la produzione di mosto di birra. Il consumo di birra è in costante aumento e l'industria birraria incrementa i propri ricavi ogni anno [20,21]. Ogni birrificio cerca di mantenere bassi i costi di smaltimento dei rifiuti e la legislazione imposta dai governi è diventata più severa nel corso degli anni [19,21-24]. L'industria della birra consuma notevoli quantità di acqua e quindi produce grandi quantità di acque reflue: 3,3 m^3 di acque reflue per 1 m^3 di birra [25-27]. Inoltre, per 1 m^3 di birra finita si producono 51,2 kg di rifiuti solidi, compreso il trub caldo. La richiesta biologica di ossigeno (BOD) per il trub caldo è di circa 110.000 mg-kg^{-1} [23]. Gli impianti CIP (Cleaning in Place) o altre tubazioni trasportano materie prime, semilavorati, prodotti finiti e scarti di produzione. La scelta delle pompe adatte e l'ottimizzazione dei loro parametri sono determinate dalle proprietà del fluido, comprese quelle di natura reologica, ad esempio la viscosità [28-30].

È inoltre importante rivedere il materiale prima della produzione e dell'uso su scala più ampia, per progettare attrezzature ottimali e migliorare l'economia complessiva del processo [31,32]. Nel loro studio, Piepiórka-Stepuk et al. [33] si sono concentrati sulla rigenerazione dei detergenti nella produzione di birra a diverse temperature. Gli autori hanno rilevato che le soluzioni pulite nell'impianto CIP del birrificio differiscono per il grado e il tipo di contaminazione [33]. Durante la produzione della birra, e in particolare del mosto di birra, i principali rifiuti sono i cereali esausti e il trub caldo, cioè il cosiddetto "hot break" [19,21,30,34]. Combinati con i lieviti dopo la fermentazione, rappresentano i rifiuti più preziosi [23]. Anche il trub caldo è uno dei sottoprodotti più preziosi. Gli studi sulla composizione chimica di questi sedimenti e sulle loro proprietà reologiche come prodotti di scarto contribuiranno al loro smaltimento efficace e persino al loro ulteriore utilizzo come preziose materie prime farmaceutiche e cosmetiche [19,35].

Una delle prime fasi della produzione della birra è la produzione del mosto di birra. Dopo l'ebollizione, il mosto viene pompato in un whirlpool (la cosiddetta "rottura"), in cui viene separato il trub caldo [36]. La chiarificazione del mosto nel gorgogliatore ha lo scopo principale di ridurre l'eccesso di proteine e di sostanze tanniche. La loro presenza influisce negativamente su una serie di processi e sulla conservabilità commerciale del prodotto finito. La densità del trub caldo è superiore a quella del mosto di birra ed è di circa 1,2-2,25 g·cm^{-3} [37]. Il trub caldo è una miscela di proteine insolubili e denaturate, carboidrati complessi, lipidi, tannini e molti altri minerali [38,39]. La quota dei singoli componenti del sedimento varia a seconda delle materie prime utilizzate [40] e di solito è la seguente: proteine (40-70%), sostanze amare (7-32%), polifenoli (20-30%), carboidrati (4-8%), grassi (1-8%), ceneri (quasi 5%), acidi amari e grassi (1-2%) [39,41]. Il mosto ad alto contenuto di azoto ne perde circa il 6% a causa della precipitazione del trub caldo durante l'ebollizione [42]. Finora, il sedimento è stato studiato per la morfologia e la distribuzione delle particelle (con il metodo Shadow Sizing) in funzione della composizione della materia prima e dell'estratto di mosto di birra [43]. La dimensione delle particelle del trub a caldo varia da 30 a 80 μm [39] o fino a 200 μm [44]. Alcuni studi hanno dimostrato che queste particelle possono avere dimensioni fino a 500 μm. La maggior parte delle particelle ha dimensioni comprese tra 30 e 140 μm [43].

Tuttavia, i valori di diametro più elevati stimati sono stati di circa 8000 μm [41]. Queste relazioni dovrebbero essere ulteriormente esaminate, in particolare l'effetto del tipo di pellet di luppolo sulla viscosità del trub a caldo ottenuta. Inoltre, la reologia della soluzione di luppolo a diverse temperature è un aspetto importante quando si utilizza il dosaggio automatico delle materie prime al giorno d'oggi.

Da molti anni ormai, le proprietà reologiche delle materie prime o dei prodotti vengono testate in quasi tutti gli aspetti dell'industria alimentare [45-47] o dei rifiuti alimentari [48]. Le misure della viscosità del mosto forniscono informazioni sul tempo di filtrazione e chiarificazione del mosto nel birrificio. Le impostazioni delle pompe per il trasporto del mosto e dei rifiuti, ad esempio il trub caldo, dipendono anche dalle proprietà reologiche. Molti studi hanno già discusso il fenomeno che si verifica nel whirlpool e nel trub caldo che forma un cono [49-51]. Tuttavia, non esistono studi preliminari sulle proprietà reologiche del trub caldo e del luppolo. In particolare, non è stata ancora prestata attenzione alla dipendenza di queste proprietà dalla varietà di luppolo o dalle diverse materie prime proteiche (ad esempio, malto d'orzo) utilizzate.

Le proprietà antimicrobiche del luppolo contenute nei sedimenti di luppolo e nel luppolo esausto consentono di utilizzare questi rifiuti, tra l'altro, come fertilizzante o, come già detto, come prodotto farmaceutico.
e materie prime cosmetiche. Questo metodo sembra essere più ragionevole rispetto all'applicazione per l'alimentazione animale, soprattutto a causa del contenuto relativamente elevato di composti amari [24].

Farca,s et al. [52] hanno affermato che, a causa della presenza di 2-metil-3-buten-2-olo, l'applicazione del sedimento di luppolo come additivo per mangimi non è giustificata. I residui di luppolo (con il loro elevato contenuto di oli essenziali) possono essere utilizzati con successo per produrre repellenti naturali, economici ed ecologici per combattere i parassiti negli alimenti immagazzinati [24,53]. I sedimenti di luppolo possono essere utilizzati anche in medicina come sedativi o in cosmetologia, grazie alla presenza di specifici composti organici [24], nonché ai suoi effetti antiossidanti e antimicrobici [54]. Purtroppo, una buona parte dei sedimenti di luppolo viene ancora trattata come rifiuto e inviata in discarica [55].

Pertanto, vengono proposte sempre più spesso opzioni alternative per il trattamento dei rifiuti della produzione di birra, sfruttando le proprietà antimicrobiche del luppolo contenuto nei sedimenti. Le misure proposte includono, tra l'altro, la possibilità di compostare i sedimenti di luppolo per utilizzarli successivamente come fertilizzanti in agricoltura [56,57]. Un'altra opzione proposta per la gestione dei sedimenti di luppolo è costituita da studi volti a valutare l'uso di combustibili derivati da rifiuti (RDF) e della frazione sottodimensionata dei rifiuti solidi urbani (UFMSW) come agenti di carica per la co-bioessiccazione del trub caldo. Pertanto, i risultati ottenuti suggeriscono di utilizzare il CDR come componente principale nel processo di co-bioessiccazione del trub caldo [58]. La letteratura offre molti esempi di possibili modi di gestire i sedimenti di luppolo, che sono gli scarti della produzione di birra, mostrando la reale portata del problema. Le caratteristiche approfondite (fisico-chimiche, reologiche e microbiologiche) di questa materia prima sono di fondamentale importanza, in quanto consentono di creare metodi di utilizzo efficaci ed economicamente giustificati.

Gli obiettivi di questo studio sono presentati di seguito:
(1) Ha valutato l'influenza di diversi metodi di luppolatura sulla viscosità del trub caldo e sui parametri fisico-chimici del mosto di birra.
(2) Le proprietà reologiche delle soluzioni di luppolo sono state misurate a diverse temperature.
(3) Sono state eseguite analisi microbiologiche per verificare se in tutte le fasi del processo sono state mantenute le condizioni tecnologiche (pulizia

dell'impianto) e igieniche (alta temperatura) adeguate, impedendo la crescita di microrganismi indesiderati.

III.2. Materiali e metodi
III.2.1. Materiale

Il materiale utilizzato nello studio è stato il trub caldo, cioè la cosiddetta "rottura" precipitata durante la luppolatura del mosto di birra realizzato con diverse ricette. Inoltre, sono state preparate ricette per birre di altre varietà di luppolo e i sedimenti precipitati sono stati valutati per caratteristiche e proprietà fisico-chimiche selezionate. Per la produzione e la caratterizzazione fisico-chimica sono stati utilizzati metodi standardizzati secondo l'EBC (European Brewing Convention) e le più recenti attrezzature di ricerca [59]. Le materie prime utilizzate nello studio comprendevano malto d'orzo Mep@Pilsner (malto utilizzato per birre a fermentazione superiore e inferiore, gamma di colori: 3,5-4,5 unità EBC), Mep@Lager (malto d'orzo di 3-3,5 EBC), varietà di luppolo Puławski T-90 (varietà amara della Polonia, caratterizzata da un sapore fruttato-fiorito e da un aroma speziato, alfa-acidi del 7,2%), varietà di luppolo Magnat T-90 (varietà di luppolo T-90).2%), varietà di luppolo Magnat T-90 (una varietà super amara di luppolo allevata in Polonia, alfa-acidi del 14,0%), varietà di luppolo Lubelski T-90 (una varietà super aromatica, alfa-acidi del 3,0%) e lievito di birra Fermentis Saflager S-23 in forma secca per la fermentazione di fondo.

III.2.2. Proprietà reologiche

I test sono stati eseguiti per determinare le proprietà reologiche del trub caldo e del luppolo disciolto in acqua a diverse temperature (21 °C o 100 °C). Sono stati utilizzati un reometro Viscotester iQ, un contenitore per il trub caldo e un bagno d'acqua. Per il test sono stati preparati campioni di 40 g ciascuno. Prima dell'applicazione, i sedimenti o il luppolo sono stati unificati, tutti i grumi sono stati rotti e il mosto separato è stato mescolato. I sedimenti di mosto di una scala semi-tecnica sono stati standardizzati per contenere il 76% di acqua e il 24% di sostanza secca. Dopo aver messo il sedimento in un contenitore, sono state rimosse le bolle d'aria. Il contenitore è stato chiuso e conservato in frigorifero per il riposo. Quindi, ogni volta dopo più di 12 ore, è stato eseguito il test. È stata scelta la geometria Vane-in-acup con uno spazio di 3 mm, poiché solo questa geometria consentiva le misurazioni. Per i test reologici non sono stati utilizzati reagenti.

I parametri reologici sono stati determinati mediante il test del ciclo di isteresi. Questo test consente di determinare le variazioni di viscosità e di valutare la tissotropia. Per tissotropia si intende che, in condizioni di flusso isotermico del liquido precedentemente a riposo per un tempo più lungo a una velocità di taglio costante, lo sforzo tangenziale diminuisce reversibilmente con il tempo.

La tissotropia è definita come un processo in cui, a causa della distruzione della struttura interna di un sistema, l'attrito interno di un liquido diminuisce isotermicamente con il passare del tempo di taglio, oltre a un lento ritorno alla consistenza originale a riposo, misurabile nel tempo.

Le misure della soluzione di luppolo sono state effettuate a tre temperature: 15 °C, 60 °C e 80 °C. D'altro canto, le misure della viscosità del trub a caldo sono state effettuate a 20, 40, 60 e 80 °C. Entrambe le prove sono state condotte in condizioni di velocità di rotazione controllata (CR), con le seguenti impostazioni: velocità di taglio crescente-˙G 0 1/s-50 1/s in modo lineare per un tempo di 100,00 s e velocità di taglio decrescente-˙G 50 1/s-0 1/s in modo lineare per un tempo di 100,00 s.

Le misure reologiche sono state effettuate con un reometro rotazionale Thermo Scientific HAAKE Viscotester iQ con un sistema Peltier per il controllo della temperatura. Il sedimento è stato esaminato in una configurazione a coppa a palette. Il sedimento è stato riscaldato in un bagno d'acqua alla temperatura desiderata. Il mosto e il mash sono stati studiati in un sistema di cilindri coassiali a doppia apertura. Le misure della viscosità del mosto e del mash sono state effettuate a una velocità di taglio di ˙G 1000 1/s per una temperatura che varia linearmente da 0 °C a 80 °C con 0,2 °C/s per 300 s.

III.2.3. Contenuto di sostanza secca

Per determinare il contenuto di sostanza secca, è stato necessario essiccare il trub caldo. Sono stati utilizzati una bilancia elettronica, un contenitore graduato e un analizzatore di umidità. Un totale di 3 g di campioni di trub caldo, luppolo e lievito sono stati prelevati e trasferiti nel contenitore graduato, che è stato poi inserito nell'analizzatore di umidità. Dopo l'essiccazione, è stata registrata la percentuale di umidità ed è stato calcolato il contenuto di sostanza secca.

III.2.4. Contenuto proteico totale

La determinazione delle proteine è stata effettuata con il metodo Kjeldahl, che si svolge in 3 fasi: mineralizzazione del campione, distillazione e titolazione. Questo test prevede la determinazione dei composti azotati nelle proteine. I reagenti utilizzati nel test comprendevano acido borico al 4% ($H_3 BO_3$), acido solforico concentrato, acido cloridrico (HCl) 0,1 M, idrossido di sodio (NaOH) 33%, un catalizzatore e acqua distillata. Un campione di 3,0 g di trub caldo è stato pesato sulla bilancia elettronica e trasferito nel pallone di distillazione. Sono stati quindi aggiunti un catalizzatore e 10 mL di acido solforico, che sono stati posti nel pallone di digestione. Dopo la mineralizzazione, il campione (di colore marrone scuro) è stato lasciato raffreddare. Dopo il raffreddamento, 20 mL di acqua distillata con fenolftaleina sono stati aggiunti al pallone di distillazione e posti nell'apparecchio di distillazione. Nel matraccio da 250 mL sono stati misurati acido borico (40 mL) e 4 gocce di indicatore di Tashiro. Dopo la distillazione, il campione di HCl 0,1 M è stato titolato fino al cambiamento di colore. Sulla base dei risultati della titolazione ottenuti, la quantità di azoto presente nel materiale in esame è stata calcolata come segue:

$$d = ((a-b) \cdot n \cdot 14)/(1000 \cdot m) \cdot 100 \tag{3.1}$$

dove

a=volume della soluzione utilizzata per la titolazione;

b=volume della soluzione utilizzata per il test in bianco;

n= molarità;

m=peso del campione; e

14=quantità di azoto, costante.

I risultati ottenuti in azoto sono stati convertiti in proteine moltiplicandoli per un fattore di conversione di 6,25 per tutti i risultati.

III.2.5. Estratto

L'estratto del mosto freddo ottenuto (mosto di birra) è stato analizzato con un rifrattometro Hanna Instruments del tipo HI 96801. La misura è stata letta in gradi Plato. Per la calibrazione è stata utilizzata acqua deionizzata.

III.2.6. Analisi microbiologica del trub caldo

I campioni di trub caldo sono stati raccolti in contenitori sterili alle stesse date del materiale per le altre analisi. I campioni sono stati sottoposti ad analisi microbiologica con il metodo della diluizione seriale di Koch. Le analisi microbiologiche, eseguite in triplo, hanno incluso la valutazione del numero di gruppi selezionati di microrganismi, ossia batteri vegetativi ed endospore (TSA, BTL Poland, coltivati a 37 °C per 24 h), funghi muffa (MEA, BTL Poland, coltivati a 24 °C per 5 giorni) e attinomiceti (Pochon's agar, BTL Poland, coltivati a 28 °C per 7 giorni). Il numero di batteri vegetativi e spore testimonia l'abbondanza di nutrienti facilmente disponibili per i microrganismi nelle materie prime. Una pluralità di batteri, funghi e attinomiceti indica anche condizioni favorevoli (temperatura, pH del substrato, umidità) per la crescita e lo sviluppo dei microrganismi. Sono stati determinati anche i batteri potenzialmente patogeni: Staphylococcus spp. (MSA agar, BTL Poland, coltivato a 37 °C per 24 h), Escherichia coli (TBX agar, BTL Poland, coltivato a 44 °C per 24 h), Salmonella spp. e Shigella spp. (SS agar, BTL Polonia, coltivato a 37 °C per 24 h), Enterococcus faecalis (SB agar, BTL Polonia, coltivato a 37 °C per 48 h), Pseudomonas aeruginosa (CN agar, BTL Polonia, coltivato a 37 °C per 48 h), Proteus spp. (Nogrady agar, BTL Poland, coltivato a 37 °C per 48 h) e Clostridium perfringens (SC agar, BTL Poland, coltivato a 37 °C per 24 h), la cui presenza può rappresentare una minaccia dal punto di vista epidemiologico ed è un importante segnale di contaminazione microbica [60]. Dopo il periodo di incubazione, le colonie cresciute sono state contate e i risultati sono stati riportati in unità formanti colonie per grammo di sostanza secca del campione (CFU g^{-1} d.m.).

III.2.7. Analisi statistica

Ogni variante dell'esperimento è stata eseguita in 5 ripetizioni. I risultati ottenuti sono stati raggruppati e ne sono stati determinati i valori medi e la deviazione standard. I valori ottenuti sono stati confrontati e sottoposti a interpretazione statistica. La significatività dell'effetto delle variabili esaminate su proteine, sostanza secca ed estratto di mosto di birra, luppolo e trub caldo è stata determinata mediante analisi ANOVA a un fattore e a due fattori. La significatività delle differenze tra le medie è stata verificata con il test di Duncan ($p < 0,05$). L'analisi statistica è stata eseguita con il software Statistica 13 di StatSoft.

III.2.8. Descrizione dell'esperimento

Il mosto di birra e il trub caldo da esso precipitato sono stati prodotti in laboratorio con l'uso di una caldaia di ammostamento e birrificazione Speidel-Breumeister su scala semitecnica. Il mosto chiarificato e un campione dopo la fermentazione secondaria sono stati ottenuti dal birrificio industriale. Dopo i test preliminari, il processo di birrificazione ha portato alla produzione del 100% di malto Mep@Pilsner e del 100% di malto Mep@Lager con luppolo Puławski, caratterizzato dalla più alta quantità di proteine e sostanza secca.

Per ottenere le condizioni ottimali per gli enzimi, l'ammostatura di ciascun mosto è stata effettuata seguendo linee guida simili a quelle per la produzione del mosto da congresso. L'intervallo di temperatura comprendeva 45-50 °C per gli enzimi proteolitici e le β-glucanasi, 62-65 °C la temperatura ottimale per l'attività dell'α-amilasi, 70-75 °C la temperatura ottimale per l'attività dell'α-amilasi e 78 °C la temperatura di fine ammostamento (mash-off) e di lauterizzazione del mosto. Ogni volta sono stati eseguiti test allo iodio per verificare la qualità del processo di ammostamento (saccarificazione del mashing). La determinazione del tasso di saccarificazione è molto importante. Il test allo iodio è il metodo più comunemente utilizzato per determinare la saccarificazione del mash. Il mash è considerato saccarificato quando il colore non cambia più dopo l'aggiunta della soluzione di iodio. Dieci minuti dopo l'inizio del mash, una goccia di mash viene trasferita sulla piastra di porcellana e viene aggiunta una goccia di soluzione di iodio. Il test viene ripetuto a intervalli di 5 minuti fino a quando la saccarificazione è completa e si ottiene un'area gialla chiara. Il risultato viene riportato come "meno di 10 minuti", "da 10 a 15 minuti", ecc. Se la saccarificazione è incompleta dopo un'ora, è necessario indicarlo.

L'apporto di materia prima delle singole varianti di mosto da cui è stato esaminato il trub caldo precipitato è stato di 6 kg di malto d'orzo macinato (malto Mep@Pilsner o Mep@Lager), 60 g di luppolo e 33 L di acqua (di cui 5 L utilizzati per la dolcificazione).

Le varianti sperimentali consistevano in diversi tempi di bollitura (60 o 30 minuti), nella luppolatura a umido e nell'aggiunta di luppolo (dry hopping) al campione di mosto di birra (prodotto con malto 100% Mep@Pilsner) dopo la fermentazione secondaria.

L'aggiunta di luppolo dopo la bollitura e il raffreddamento del mosto aveva lo scopo di aumentare il livello di aroma di luppolo nella birra senza aumentarne l'amarezza. Questo trattamento è più spesso utilizzato nella produzione di birre a fermentazione alta. Per le birre a bassa fermentazione si utilizza una tecnica di luppolatura tardiva leggermente diversa. Molto spesso il luppolo viene utilizzato durante la fermentazione secondaria o la lagerizzazione.

Inoltre, è stato condotto un esperimento per valutare la reazione dei pellet di luppolo alla dissoluzione del materiale in acqua a diverse temperature (21 °C e oltre 100 °C).

Il sistema di identificazione dei campioni utilizzato è presentato nella Tabella 3.1.

Tabella 3.1. Elenco delle varianti analizzate.

Simbolo della variante	Simbolo Designazione
O_Przem_P	Trub caldo dal birrificio industriale
O_P_60	Trub caldo precipitato dal mosto di malto Pilsner e bollito per 60 min.
O_L_60	Trub caldo precipitato dal mosto di malto Lager e bollito per 60 min.
O_D_60	Trub caldo con lievito precipitato dal mosto di malto Pilsner e bollito per 60 min.
O_P_30	Trub caldo con lievito precipitato dal mosto di malto Pilsner e bollito per 30 min.
O_L_30	Trub caldo precipitato dal mosto di malto Lager e bollito per 30 min.
Ch_z	Luppolo Puławski in pellet sciolto in acqua a 21 °C
Ch_g	Luppolo Puławski in pellet sciolto in acqua a 100 °C
D	Lievito liofilizzato
Ch_Pł	Pellet di luppolo Puławski
Ch_M	Pellet di luppolo Magnat
Ch_L	Pellet di luppolo Lubelski
B_Przem	Mosto industriale

B_P	Mosto di malto pilsner
B_L	Mosto di malto Lager
O_1	Trub caldo precipitato dal mosto di malto Pilsner e bollito 60 min.
O_2	Trub caldo precipitato dal mosto di malto Lager e bollito per 60 min.
O_3	Trub caldo con lievito precipitato dal mosto di malto Pilsner e bollito per 60 min.
O_4	Trub caldo precipitato dal mosto di malto Pilsner e bollito per 30 min.
O_5	Trub caldo precipitato dal mosto di malto Lager e bollito per 30 min.
Zw	Luppolo sciolto in acqua a 21 °C
Gw	Luppolo sciolto in acqua a 100 °C

III.3. Risultati e discussione

Le seguenti sottosezioni presentano e discutono i risultati delle analisi condotte sul trub caldo in diverse varianti sperimentali. Lo studio non include una sezione sui risultati delle analisi microbiologiche, poiché non sono stati determinati contaminanti microbiologici nei sedimenti di luppolo studiati, il che dimostra la loro completa sterilità e la mancanza di sopravvivenza microbica. Grazie alle sue proprietà (basso pH, contenuto alcolico, condizioni anaerobiche ed effetto asettico delle sostanze amare contenute nel luppolo, oltre al basso contenuto di nutrienti consumati dal lievito durante la fermentazione), la birra si difende ampiamente dallo sviluppo di infezioni microbiche [61,62]. Inoltre, nella maggior parte dei casi, l'attività dei microrganismi nell'industria della birra è auspicabile (la birra è il risultato della fermentazione da essi condotta).

D'altra parte, nella birra si possono incontrare anche microflore dannose, che non solo possono sopravvivere, ma anche moltiplicarsi e rilasciare i loro sottoprodotti metabolici nella birra, causando così il deterioramento della birra, che si manifesta con alterazioni sensoriali (cambiamenti indesiderati nel gusto e nell'odore) [61,63]. Per questo motivo, il presente studio ha valutato la presenza di microrganismi selezionati con il potenziale di formare infezioni e sopravvivere in condizioni ambientali sfavorevoli grazie, tra l'altro, alla capacità di creare spore, gusci e clamidospore.

III.3.1. Sostanza secca

La Figura 3.1 mostra il contenuto di sostanza secca nei sedimenti precipitati e nelle materie prime selezionate. La percentuale più bassa di sostanza secca è stata determinata nei pellet di luppolo immersi in acqua a 21 °C (3,37%) rispetto al luppolo (Ch_g) con acqua a oltre 100 °C (6,31%). I valori di sostanza secca erano simili per le varianti con pellet di luppolo Ch_g, con sedimenti precipitati dopo 30 minuti di ebollizione e dopo il dry hopping. Questi valori variavano dal 6 al 7,7%. Le altre varianti di sedimento avevano un contenuto di sostanza secca due volte superiore. Per i sedimenti dopo 60 minuti di bollitura, il valore più alto (23,52%) del parametro esaminato è stato ottenuto nella variante con luppolo Puławski bollito da mosto con malto Pilsner; questo valore era simile a quello ottenuto per il lievito di birra. I contenuti più elevati di sostanza secca sono stati registrati nei pellet di luppolo. Tra questi, la variante ottenuta dal luppolo Puławski aveva il contenuto di umidità più basso (d.m. 92,32%). I risultati sono stati simili per le altre due varianti.

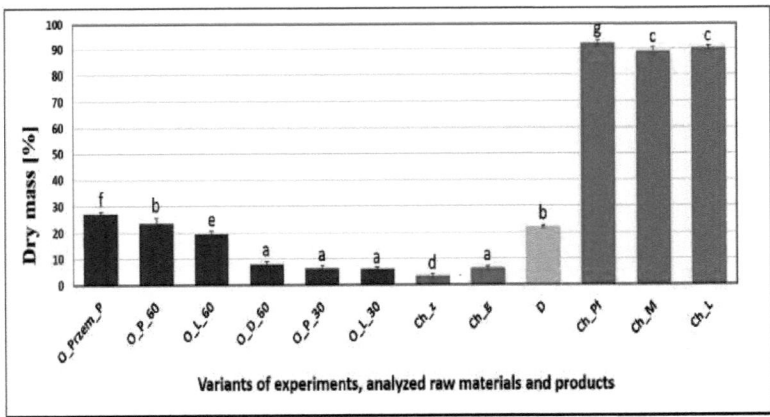

Fig. 3.1. Sostanza secca del trub caldo precipitato, del lievito e delle materie prime (n = 5, α = 0,05; gruppi omogenei di risultati all'interno di un determinato parametro sono contrassegnati da lettere).

III.3.2. Proteine

La separazione del trub a caldo può essere ottenuta mediante sedimentazione, centrifugazione o filtrazione del mosto di birra. La precipitazione più efficace è quella del mosto luppolato. L'orzo da birra contiene fino al 92% di composti azotati sotto forma di proteine, principalmente gluteline, cioè proteine semplici. Queste non passano nella soluzione perché rimangono quasi intere nel chicco esausto. Altri composti proteici sono le prolamine (insolubili in acqua, solubili in alcol), che rimangono in gran parte nel chicco esausto, e le globuline, dette anche "edestine" (solubili in soluzioni saline diluite e nel pastone, coagulano al calore, non precipitano completamente). La percentuale minore di orzo è costituita dall'albumina (solo l'11% delle proteine), che precipita completamente quando viene bollita. Vale la pena notare che durante la maltazione e l'ammostamento, il contenuto diminuisce. Durante l'ebollizione del mosto, quando il sedimento precipita, i componenti dell'olio di luppolo vengono sciolti e trasformati. Sono responsabili della formazione del caratteristico odore e sapore di luppolo nella birra. Queste trasformazioni dipendono dalla composizione chimica del mosto e dal pH [36,64].

La Figura 3.2 mostra un grafico del contenuto totale di proteine dei sedimenti precipitati e di materie prime selezionate.

Il contenuto proteico totale più basso è stato determinato per i pellet di luppolo immersi in acqua a diverse temperature e nei sedimenti precipitati durante 30 minuti di bollitura, indipendentemente dalle varianti del mosto di birra. Questi valori oscillavano tra il 3,02 e il 3,82%. Tra i trub caldi, il contenuto proteico più elevato è stato osservato per i sedimenti industriali. Nel caso delle varianti prodotte in laboratorio, il contenuto proteico più elevato è stato riscontrato nel sedimento con malto Pilsner precipitato dopo 60 minuti di bollitura (7,98%). I valori proteici nel mosto di birra e nei sedimenti erano simili a seconda della variante sperimentale. Nel caso del trub caldo dopo 60 minuti di bollitura, il valore più alto dei parametri è stato ottenuto nella variante con luppolo Puławski (23,52%) ed era simile alla massa ottenuta dal lievito di birra. I valori proteici più elevati sono stati registrati nei pellet di luppolo. Tra questi, la variante con luppolo Puławski aveva il contenuto proteico più elevato (19,34%). D'altra parte, tra i pellet di luppolo in generale, il contenuto proteico più basso è stato registrato nel luppolo Lubelski (12,31%).

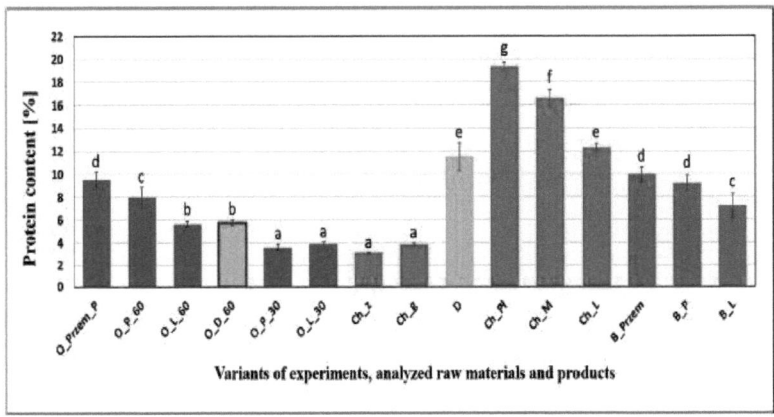

Fig. 3.2. Contenuto proteico nel mosto di birra, nel trub caldo, nel lievito e nelle materie prime (n = 5, α = 0,05; gruppi omogenei di risultati all'interno di un determinato parametro sono contrassegnati da lettere).

III.3.3. Contenuto dell'estratto

La concentrazione di estratto del mosto di birra è uno dei parametri qualitativi più importanti e può indicare l'efficienza del birrificio [65, 66]. È direttamente correlata alla quantità di zuccheri in fermentazione ed è quindi molto importante per il processo di fermentazione [65]. La Figura 3.3 mostra un grafico dell'estratto di mosto prodotto con 100% malto Pilsner e luppolo Puławski dopo 60 minuti di bollitura.

Non sono state riscontrate differenze statisticamente significative nei risultati ottenuti per l'estratto di mosto di birra prodotto con il 100% di malto Pilsner e luppolo Puławski dopo 60 minuti di bollitura, in quanto il valore variava da 10,71 a 12,5 °P. D'altra parte, un valore molto più basso del parametro esaminato è stato ottenuto per il mosto dopo il dry hopping (5,2 °P). Molti autori hanno sostenuto che la distribuzione delle particelle di trub caldo dipendeva dall'estratto [43], mentre non aveva un grande impatto sulle proprietà reologiche. Questa variabile non ha introdotto ulteriori differenziazioni ed è stata la stessa per tutte le varianti senza lievito.

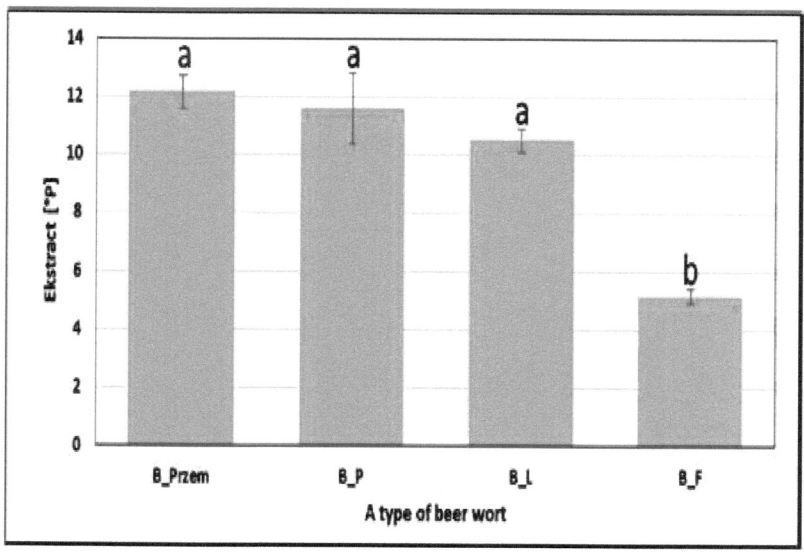

Fig. 3.3. Estratto di mosto di birra (n = 5, α = 0,05; gruppi omogenei di risultati all'interno di un determinato parametro sono indicati con lettere).

III. 3.4. Viscosità e tissotropia

Le misure effettuate con il reometro determinano la relazione tra i valori dello sforzo tangente τ e della velocità di taglio $\dot{\gamma}$. La curva di flusso mostra la relazione tra le sollecitazioni in funzione di $\tau = f(\dot{\gamma})$. Per un fluido newtoniano, questa è una retta che rappresenta la dipendenza. l'inizio del sistema di coordinate. Qualsiasi altra curva descrive un fluido non newtoniano [67,68]. È possibile tracciare anche una curva di viscosità, che rappresenta la dipendenza della viscosità η dalla velocità di taglio in funzione di $\eta = f(\dot{\gamma})$. Le due curve sono equivalenti.

Nelle misure reometriche si ottiene prima una curva di flusso, che può essere convertita in una curva di viscosità. La Figura 3.4 mostra un grafico delle variazioni di viscosità sotto forma di anello di isteresi per il trub caldo di diverse varianti di mosto.

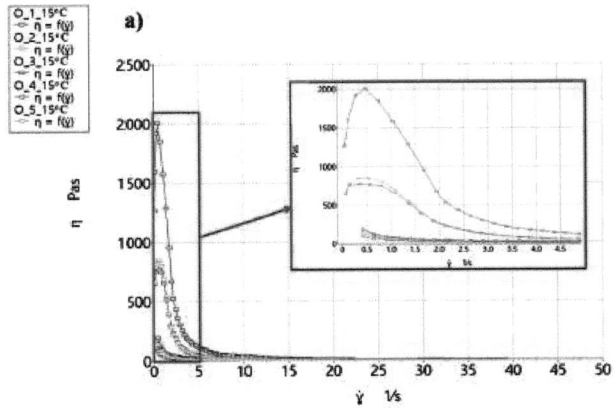

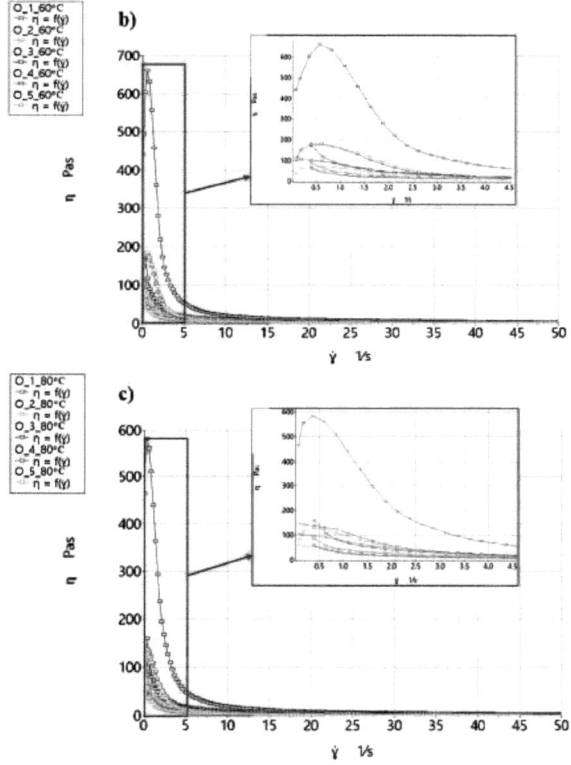

Fig. 3.4. Viscosità sotto forma di anello di tixotropia del trub caldo in funzione della temperatura: (a) 15 °C, (b) 60 °C e (c) 80 °C.

Il trub caldo è un fluido non newtoniano con due punti caratteristici: viscosità massima e viscosità di equilibrio. La viscosità massima può essere correlata al punto di snervamento: Quando il valore massimo viene superato, il trub caldo inizia a fluire. A sua volta, la viscosità di equilibrio viene raggiunta quando la velocità di taglio tende all'infinito. Il valore massimo di viscosità (η_{max}) a tutte le temperature è stato ottenuto nel sedimento precipitato dal mosto di malto Pilsner, miscelato con il lievito e bollito per 60 minuti (**O_3**). A 15 °C, la η_{max} era di 2008,3 Pa-s; a 60 °C, il valore è sceso a 660,9 Pa-s; a 80 °C, era di 464,9 Pa-s.

La viscosità massima più bassa ha caratterizzato il trub caldo precipitato da mosto di malto Pilsner e bollito per 60 minuti (**O_2**). Per questo sedimento, il valore massimo di viscosità a
15 °C era di 588,1 Pa-s; a 60 °C, η_{max} è scesa a 70,7 Pa-s; e a 80 °C, η_{max} era di 59,5 Pa-s.

Il sedimento precipitato dal mosto di malto Lager bollito per 30 minuti (**O_5**) ha avuto il secondo valore massimo di viscosità. Per questo trub caldo a 15 °C, il valore massimo di viscosità era di 847,2 Pa-s; a 60 °C, η_{max} è diminuita a 183,9 Pa-s. A 80 °C, η_{max} è scesa a 126,4 Pa-s.

Il sedimento del mosto di malto Pilsner bollito per 30 minuti aveva il terzo valore più alto di η_{max}. L'eccezione è stata la temperatura di 80 °C, alla quale il campione **O_4** ha avuto una viscosità maggiore rispetto al campione **O_5**. Per il sedimento **O_4** a 15 °C, la viscosità massima è stata di 773,7 Pa-s; a 60 °C, η_{max} è scesa a 176,4 Pa-s. A 80 °C, η_{max} è scesa a 145,2 Pa-s. Il sedimento **O_1** è stato precipitato da mosto di malto Pilsner e bollito per 60 minuti. Per
questo trub caldo a 15 °C, la viscosità massima era di 616,3 Pa-s; a 60 °C, η_{max} era di 112,2 Pa-s.

A 80 °C, η_{max} è diminuito a 104,7 Pa-s. In tutte le varianti di sedimento analizzate, il valore di η_{max} è diminuito all'aumentare della temperatura. Il calo di temperatura più elevato è stato osservato per il trub caldo **O_2**, la cui viscosità è diminuita del 90%. D'altra parte, la viscosità del trub caldo **O_3** è diminuita del 76%. In altri sedimenti, la η_{max} è diminuita a 80 °C rispetto a 15 °C di quasi l'82%. L'aggiunta di lievito al trub caldo ha notevolmente addensato il campione. L'ebollizione per 30 minuti ha dato al trub caldo una viscosità massima più elevata rispetto all'ebollizione per 60 minuti. Un effetto simile è stato osservato per il sedimento precipitato dal malto Pilsner rispetto al malto Lager.

All'aumentare della velocità di taglio, i sedimenti si assottigliano. Alla velocità di taglio di $\dot{\gamma}$ = 50 s^{-1}, il sedimento ha raggiunto la cosiddetta "viscosità di equilibrio" η_{eq}. L'ordine e la tendenza alla variazione del valore con l'aumento della temperatura sono gli stessi della viscosità massima. Anche in questo caso, a 80 °C, il sedimento **O_4** aveva una viscosità superiore a quella dell'**O_5**, a differenza di quanto accade a 15 e 60 °C.

I valori di η_{eq} a

* 15 °C erano 4,70 Pa-s (**O_5**), 3,38 Pa-s (**O_4**), 3,25 Pa-s (**O_1**), 2,59 Pa-s (**O_3**) e 2,26 Pa-s (**O_2**);

* 60 °C erano 4,26 Pa-s (**O_5**), 3,04 Pa-s (**O_4**), 2,82 Pa-s (**O_1**), 2,15 Pa-s (**O_2**) e 2,05 Pa-s (**O_3**); e

* 80 °C erano 3,83 Pa-s (**O_3**), 1,49 Pa-s (**O_5**), 1,75 Pa-s (**O_4**), 1,23 Pa-s (**O_1**) e 1,19 Pa-s (**O_2**).

Un confronto tra i valori di η_{max} e η_{eq} mostra che il tempo di ebollizione del mosto e il tipo di malto influiscono sul valore massimo di viscosità. Con tempi di ebollizione più brevi, il trub di malto Lager aveva una viscosità maggiore, mentre con tempi di ebollizione più lunghi valeva il contrario. La miscelazione del sedimento con il lievito ha comportato un aumento di oltre tre volte della viscosità massima a 15 °C, di quasi sei volte a 60 °C e di quattro a 80 °C. Nessun aumento significativo è stato osservato per la viscosità di equilibrio.

I sedimenti presentavano una notevole tissotropia, che li rendeva sensibili al tempo di deformazione. Dal test di isteresi è stato ricavato il parametro DA, ovvero l'area tra la curva ascendente e quella discendente. La tendenza alle variazioni del valore di DA è stata la stessa del valore di viscosità. I valori più alti sono stati ottenuti a 15 °C e i più bassi a 80 °C.

I valori più elevati dell'area del loop di isteresi sono stati osservati per il sedimento **O_3**: A 15 °C, la DA era di 9171 Pa/s; a 60 °C, di 4242 Pa/s; e a 80 °C, il valore del parametro era di 3287 Pa/s. Per l'**O_5**, la DA era di

3721 Pa/s a 15 °C, 1076 Pa/s a 60 °C e 729,3 Pa/s a 80 °C. Per il sedimento **O_4**, la DA era pari a 3521 Pa/s a 15 °C, 1016 Pa/s a 60 °C e 789,3 Pa/s a 80 °C.

Il penultimo è stato il sedimento **O_2**, per il quale il ΔA è risultato pari a 879,5 Pa/s a 15 °C, 534,6 Pa/s a 60 °C e 562,2 Pa/s a 80 °C. Il valore più basso dell'area di isteresi è stato osservato per il sedimento **O_1**, per il quale il ΔA era di 105,6 Pa/s a 15 °C, 433,4 Pa/s a 60 °C e 239,5 Pa/s a 80 °C.

La tissotropia, come la viscosità, dipendeva dal tempo di ebollizione e dal tipo di malto. Il sedimento era inoltre caratterizzato da un aumento iniziale della viscosità a basse velocità di taglio. L'aggiunta di lievito ha causato un aumento significativo dell'area superficiale dell'anello di isteresi, aumentando il valore massimo della viscosità. Le curve di ritorno di tutti gli hot trub, ad eccezione di **O_3**, erano simili.

La Figura 3.5 mostra i grafici delle variazioni di viscosità, sotto forma di area di isteresi, del sedimento precipitato da malto Pilsner al 100% bollito per 60 minuti e da mosto raccolto da un birrificio industriale.

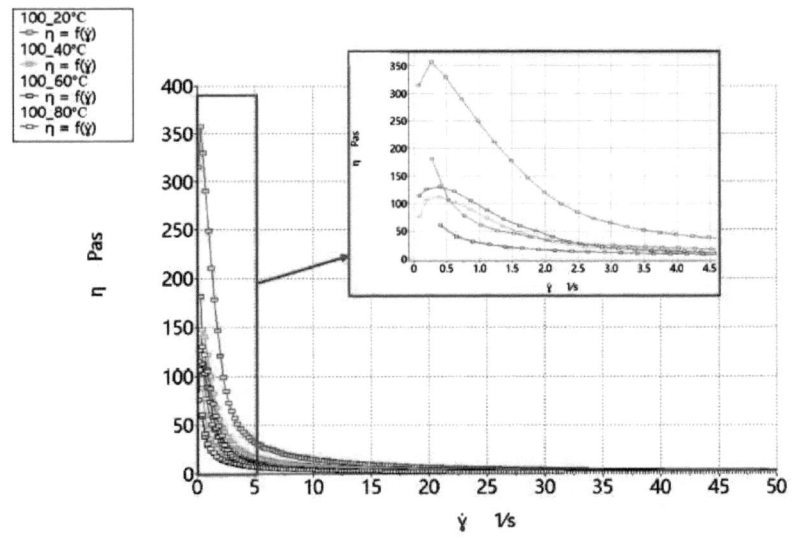

Fig. 3.5. Viscosità e tixotropia del trub caldo precipitato dal 100% di malto Pilsner bollito per 60 minuti e raccolto dal birrificio industriale a 15 °C, 40 °C, 60 °C e 80 °C.

Per i sedimenti industriali, il valore massimo di viscosità è stato ottenuto a 15 °C (357,3 Pa·s) e quello minimo a 60 °C (111,9 Pa·s). Dopo il riscaldamento a 80 °C, è stato osservato un η_{max} di 129,8 Pa·s. Questo aumento di viscosità può essere spiegato dal rigonfiamento dei conglomerati sedimentari; tuttavia, non è stato osservato un comportamento simile nei sedimenti di laboratorio. Il loro valore massimo di viscosità era significativamente inferiore a quello dei sedimenti semi-tecnici di laboratorio.

Il sedimento industriale ha registrato il valore più alto di tissotropia a 15 °C (DA = 2028 Pa/s). D'altra parte, il valore più basso (DA = 63,69 Pa/s) è stato registrato a 60 °C. Riscaldato a 80 °C, il valore dell'area del loop di isteresi è stato di 260,6 Pa/s. Il valore della viscosità di equilibrio è diminuito con l'aumentare della temperatura: a 15 °C, η_{eq} = 2,86 Pa·s; a 60 °C, η_{eq} = 1,37 Pa·s; e a 80 °C, η_{eq} = 1,16 Pa·s. La Figura 3.6 mostra i grafici delle variazioni di viscosità sotto forma di anelli di isteresi del luppolo immerso in acqua a diverse temperature.

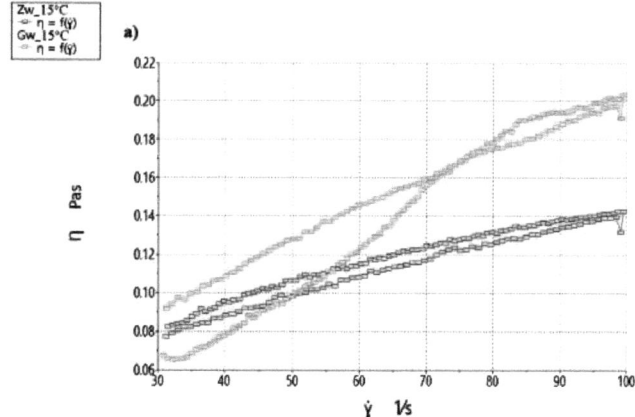

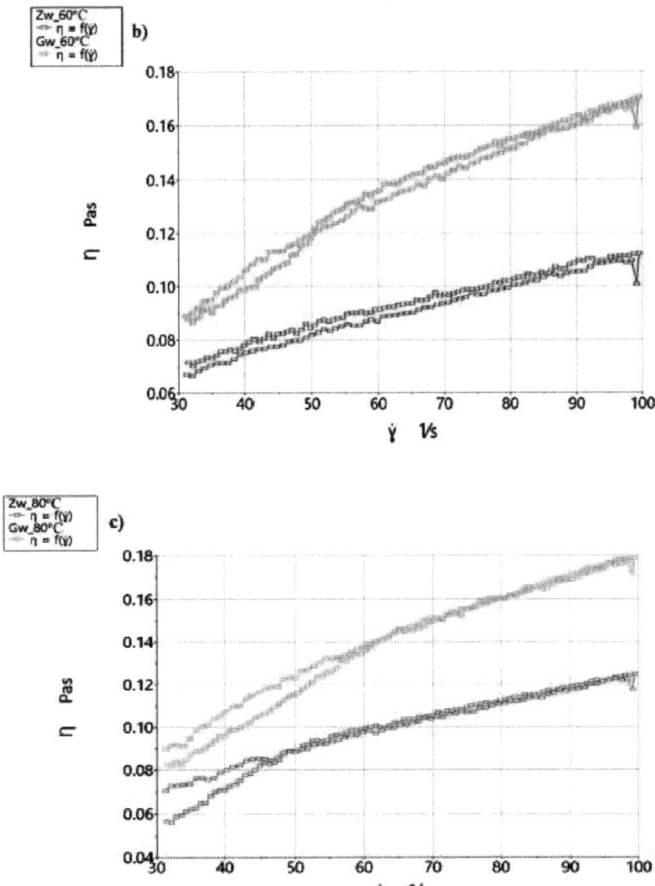

Fig. 3.6. Anello di viscosità e tixotropia del luppolo immerso in acqua, a seconda della variante sperimentale, a (a) 15 °C, (b) 60 °C e (c) 80 °C.

La viscosità più elevata a tutte le temperature è stata ottenuta per il luppolo immerso in acqua a 100 °C (Gw). Ciò è dovuto al maggiore rigonfiamento delle particelle di luppolo. L'aumento della viscosità della sospensione con l'aumento della velocità di taglio è dovuto alla miscelazione. Non si tratta quindi di un tipico addensamento da taglio. Pertanto, la diminuzione della viscosità sulla curva di ritorno è il risultato della sedimentazione delle particelle di luppolo. Il valore della viscosità è rimasto a un livello simile (0,09 Pa-s) indipendentemente dalla temperatura di riscaldamento del materiale.

Quando è stato testato a 15 °C, la tixotropia più alta (DA = 28,43 Pa/s) è stata scoperta per il luppolo immerso in acqua a 21 °C (Zw). La tixotropia più bassa (DA = 14,08 Pa/s) è stata riscontrata nel luppolo immerso in acqua a 100 °C (Gw).

Le prove a 60 °C e a 15 °C hanno rivelato la più alta tissotropia (DA = 16,62 Pa/s) nel luppolo immerso in acqua a 21 °C (Zw). La tixotropia più bassa (DA = 13,13 Pa/s) è stata riscontrata
nel luppolo immerso in acqua a 100 °C (Gw).

Il luppolo può essere aggiunto tramite pompe e quindi la viscosità è importante. Quando è stato testato a 80 °C, la tixotropia più elevata (DA = 5,94 Pa/s) è stata riscontrata nel luppolo immerso in acqua a 21 °C (Zw). La tixotropia più bassa (DA = 0,1761 Pa/s) è stata riscontrata nel luppolo immerso in acqua a 100 °C (Gw). Le piccole aree di isteresi indicano che non c'è stata distruzione della struttura delle particelle di luppolo. La sospensione creata dall'immersione in acqua fredda è risultata più stabile.

La sospensione meno stabile è stata ottenuta a 15 °C per il luppolo immerso in acqua calda. I fanghi di depurazione sono fluidi non newtoniani [69]. Alcuni studi hanno suggerito che il trub caldo potrebbe essere compostato e trasformato in fertilizzante o utilizzato come fonte di composti bioattivi [70]. La reologia viene utilizzata per valutare la qualità dei fanghi di depurazione. Altri autori hanno studiato la reologia di fanghi misti primari e secondari vari pre-industriali e come essa dipenda dal contenuto solido e dalla temperatura [71]. Le proprietà reologiche dipendono dalla struttura e dalle caratteristiche superficiali degli aggregati [72,73]. Cao et al. (2016) hanno studiato i fanghi di depurazione al 4, 7, 8, 9 e 10% di solidi totali a 20

°C, 35 °C e 55 °C. La viscosità apparente di queste varianti è diminuita sensibilmente all'inizio del taglio, per poi tendere a un valore relativamente costante. Una tendenza simile è stata osservata per il trub caldo. I valori di viscosità variavano da 412,7 mPa-s per il 10% di TS (Total Solids) a 20 °C a 6,75 mPa-s per il 4% di TS a 55 °C [74]. Liu et al. (2012) hanno studiato le proprietà reologiche di un combustibile fangoso preparato con fanghi di acque reflue municipali e carbone. Sebbene la concentrazione fosse molto più alta di quella del trub caldo, i valori di viscosità variavano da 2750 a 1000 mPa-s [75]. Non esistono prodotti di scarto con valori di viscosità simili a quelli del trub caldo, il che rende questo studio un'innovazione. D'altra parte, l'assottigliamento al taglio è una proprietà comune.

III. 4. Conclusioni

1. Lo studio ci ha permesso di concludere quanto segue: Il trub caldo è un fluido viscoso tixotropico non newtoniano caratterizzato da viscosità massima, viscosità di equilibrio e area di isteresi.

2. La viscosità dei sedimenti industriali è risultata significativamente inferiore a quella dei sedimenti semitecnici di laboratorio. Per i produttori di pompe utilizzate nell'industria della birra, il materiale più conveniente è quello con la viscosità più bassa (sedimenti precipitati a lunga ebollizione). Per il trub caldo che si deposita nella zona centrale del fondo del serbatoio, sarebbe meglio avere una viscosità più elevata. Questa caratteristica reologica presenta grandi vantaggi anche nel compostaggio di questi rifiuti industriali. Il trub caldo a bassa viscosità può essere rimosso a velocità inferiori, il che rende la pulizia e il trasporto più facili ed economici.

3. Il luppolo Puławski ha il contenuto più elevato di proteine e di sostanza secca; pertanto, è stato il migliore per studiare le caratteristiche del trub a caldo. Mescolato con acqua a velocità di taglio crescente, ha creato una

sospensione uniforme. I sedimenti di luppolo non contengono contaminanti microbici e quindi rimangono completamente sterili.

4. La massa di trub precipitato a caldo dipende più dalla quota di materie prime cerealicole nel lotto e meno dal tipo di luppolo.

5. Quanto più breve è l'ebollizione del mosto con luppolo (indipendentemente dall'apporto di materia prima), tanto minore è la quota di proteine e di sostanza secca nel trub precipitato a caldo.

6. L'uso di acqua calda provoca un maggiore rigonfiamento delle particelle di luppolo. Tuttavia, il luppolo immerso in acqua fredda crea una sospensione più stabile.

IV. Tribo-riologia della birra alcolica e analcolica

IV.1. Introduzione

Le birre a basso e nullo contenuto alcolico rappresentano un mercato piccolo ma in crescita. L'aumento del consumo di birre analcoliche e a basso contenuto alcolico ha evidenziato problemi storici di qualità che possono influenzare i prodotti moderni. I progressi nei metodi di produzione hanno cercato di porre rimedio ai difetti delle prime birre a basso e nullo contenuto alcolico, classificate in aroma volatile, aroma non volatile e mouthfeel.

I metodi di produzione delle birre a basso o nullo contenuto alcolico sono cambiati rispetto ai primi metodi che utilizzavano il riscaldamento per rimuovere l'etanolo, ottenendo un prodotto indesiderabile con una significativa perdita di aroma e danni ossidativi [76]. I moderni metodi di produzione utilizzano la tecnologia per rimuovere l'alcol o per produrre birre a basso contenuto alcolico. Le strategie di rimozione dell'etanolo sono tipicamente metodi termici o a membrana. I metodi di produzione della birra prevedono l'utilizzo di un macinato alterato o l'impiego di lieviti non standard incapaci di utilizzare il maltosio [77]. I prodotti di questi approcci presentano diversi vantaggi e svantaggi [78]. Inoltre, i metodi possono essere combinati per produrre una birra a basso o nullo contenuto alcolico.

La quantificazione dell'aroma è impegnativa. In genere, la gascromatografia con massa
La spettrometria delle birre [79] è stata utilizzata per valutare la qualità delle birre a basso contenuto alcolico, soprattutto in termini di composti organici volatili aromatici legati all'aroma e al sapore. Ciò è dovuto alle vecchie metodologie di rimozione dell'etanolo, che in genere prevedevano il riscaldamento [80], e alla perdita di molecole volatili aromatiche. Altri metodi di analisi includono la cromatografia liquida con spettrometria di massa (spesso la spettrometria di massa tandem), utilizzata per gli acidi

organici non volatili, i saccaridi e altre molecole rilevanti [81]. Questi composti sono importanti per il gusto, in particolare per la dolcezza, l'asprezza e l'amarezza. Sebbene la gascromatografia sia in grado di misurare molti di questi composti, può richiedere un trattamento significativo e reazioni di derivatizzazione, che aggiungono complessità rispetto alla cromatografia liquida [82].

Sebbene sia più impegnativo della misurazione delle quantità assolute di composti, ma fondamentale per la qualità è soggettivo e l'elaborazione orale ha dimostrato di avere un'elevata variabilità tra gli individui. [83]. I difetti in bocca variano a seconda del metodo di dealcolizzazione o della metodologia di birrificazione a basso contenuto alcolico, in cui l'ammostamento a bassa gravità
produce un mosto a basso contenuto di zuccheri fermentabili e una birra a basso contenuto alcolico. Questo porta a una bassa gravità finale con pochi zuccheri residui e, poiché è stato dimostrato che la gravità finale è correlata alla pienezza dell'aroma in bocca [84], ci si aspetta che una birra a bassa gravità originale abbia un aroma in bocca più sottile.

In alternativa, è possibile utilizzare una fermentazione incompleta del mosto di alta gravità, che può comportare notevoli difetti di sapore [85] Queste birre a fermentazione limitata presentano un'alta gravità specifica dovuta a un'attenuazione incompleta e una sensazione in bocca positiva, ma un gusto eccessivamente dolce con bassi livelli di molecole aromatiche volatili [86].

I fattori che contribuiscono al mouthfeel sono meno ben definiti rispetto ai composti volatili dell'aroma. I primi lavori per definire le proprietà del mouthfeel si sono concentrati sulla carbonatazione, sulla pienezza e sulla sensazione finale [87], cercando di descrivere l'esatta natura delle proprietà orali di un prodotto. Le molecole che contribuiscono a queste proprietà

appartengono a un'ampia gamma di classi chimiche e le ragioni del loro contributo variano. Ad esempio, gli ioni cloruro
si prevedeva che aumentassero la percezione indiretta dell'aroma in bocca, avviando la produzione di α-amilasi e dimostrando una correlazione positiva con la pienezza percepita [84] Questo effetto non può essere misurato con la strumentazione attualmente disponibile, poiché non è possibile simulare il rilascio di enzimi, sebbene i sali inorganici possano avere un proprio effetto di riduzione dell'attrito in tribologia.

Il livello di destrina nella birra è stato considerato un fattore importante nella percezione del mouthfeel [87], anche se è stato dimostrato che il rapporto tra le lunghezze del polimero del glucosio gioca un ruolo significativo oltre a quello della concentrazione [88]. Utilizzando un panel di assaggiatori addestrati è stato possibile differenziare il cambiamento del mouthfeel oltre la pienezza del pallet, fornendo una distinzione più utile per le regolazioni del processo e del prodotto [88]. Sebbene la concentrazione di etanolo sia considerata un fattore importante e positivo per la percezione della sensazione in bocca, si è visto che riduce la viscosità quando è in acqua [88]. Anche se un lavoro più recente, che ha analizzato le variazioni di concentrazione di etanolo nella stessa birra, ha mostrato un'interazione più complessa, con livelli più elevati accolti più positivamente, evidenziando che le differenze percettive individuali sono un fattore chiave [89].

Recentemente, gli attributi e i punteggi di 24 birre di un panel addestrato sono stati confrontati con le concentrazioni di diversi composti [90]. Ne è emersa una forte correlazione ($r = 0,84$) tra i livelli di iso-α-acidi e l'amaro, mentre il contenuto di polifenoli era debolmente correlato ($r = 0,59$) all'essiccazione. Gli iso-α-acidi contribuiscono in modo significativo all'amarezza [91], ma i polifenoli sono noti per essere i maggiori responsabili dell'essiccazione/astringenza nei vini [92], il che suggerisce che la birra ha un comportamento diverso dal vino. Inoltre, [90] ha osservato che l'etanolo non contribuisce in modo significativo all'aroma in bocca, in quanto non è correlato ad attributi diversi dalla sensazione di "bruciore". È stato anche osservato che l'aggiunta di zucchero (isomaltulosio) non ha contribuito al rivestimento della bocca [90]. Questi dati suggeriscono che, nei panel di degustazione umani, l'attribuzione diretta di una singola molecola o di una classe di molecole a un descrittore ha un successo variabile nel contesto della birra.

I fattori umani variano ampiamente, con valori misurati per il movimento della lingua che variano da 2,1 a 32,4 millimetri al secondo (mm/s) in 165 individui, con il valore più alto di 305,7 mm/s [83] Questa ampia gamma di velocità dovrebbe comportare proprietà di lubrificazione e mouthfeel diverse [93] anche quando viene presentato lo stesso prodotto. Inoltre, la forza applicata tra la paletta dura e la lingua varia da un individuo all'altro e, in base alle fasi della deglutizione, va da 0,01 a 90 Newton [94]. È stato anche osservato che la forza varia in modo significativo a seconda della posizione esatta sulla lingua.

Classicamente, l'analisi della birra è stata condotta da gruppi di esperti addestrati utilizzando descrittori predefiniti [84] che sono stati confrontati con le misurazioni quantitative dell'attrito e dell'usura con tribometri [95]. Tuttavia, l'esatta relazione tra lubrificazione e mouthfeel è difficile da definire e le descrizioni dei partecipanti variano a seconda della sostanza misurata [96,97].

Le proprietà di lubrificazione determinate dal tribometro possono essere utilizzate per valutare le proprietà orali previste di prodotti liquidi [96,98-100] e solidi/semisolidi [101, 102]. In particolare, l'uso dei tribometri è stato riportato nella misurazione delle proprietà di lubrificazione della birra [95] e del vino [97].

La scelta delle superfici è di fondamentale importanza nelle tecniche basate sulla tribologia e presenta un dilemma per i ricercatori, in quanto la riproducibilità è in contrasto con la rilevanza per i sistemi biologici. Naturalmente, il "sistema di vita" più appropriato sarebbe un sistema di palette e lingue dure, mentre le lingue degli animali sono utilizzate come superficie morbida con una superficie mobile standard [103]. A parte le preoccupazioni etiche, i materiali biologici tendono ad essere molto variabili tra organismi della stessa specie, per non parlare del genere, il che rende difficile il confronto tra la lingua di un maiale o di un altro animale e quella di un essere umano. Per questo motivo, la maggior parte degli studi opta per una superficie artificiale; più comunemente viene utilizzato il polidimetilsilossano (PDMS) [97], anche se altri elastomeri siliconici hanno avuto successo [100] insieme al nastro ruvido [99].

Recentemente, l'uso di strumenti tribologici dedicati è stato ampliato per includere reometri con attacchi tribologici. Di conseguenza, la tribo-reologia funziona in modo simile, misurando l'attrito tra due superfici in presenza di un lubrificante, ma il reometro consente di includere velocità di scorrimento accurate. La macchina ibrida fornisce anche
risparmio di costi e di spazio, in quanto lo strumento ha una doppia funzionalità. La tribo-erologia è una tecnica nuova, quindi la letteratura disponibile sui sistemi specifici che utilizzano questa tecnologia è scarsa. Questo sistema fornisce un metodo di analisi della birra che aiuta a confrontare la qualità delle bevande a basso e nullo contenuto alcolico con le birre standard.

IV.2. Materiali e metodi

L'acqua per l'analisi in gradiente HPLC, l'etanolo per HPLC, il cloruro di sodio (grado analitico reagente), il maltosio monoidrato (grado analitico reagente) sono stati ottenuti da Fisher Scientific con la maltodestrina 4-7 equivalente al destrosio (media 6,5 DE) da Sigma Aldrich. Il kit di elastomeri SYLGARD 184 (Dow Corning) è stato utilizzato per fabbricare superfici tribologiche. Le birre commerciali in bottiglia sono state acquistate in un supermercato e misurate all'apertura. I filtri a siringa in poli-etersolfone (0,22 µm, da SLS) sono stati utilizzati per rimuovere il particolato da campioni di prova modello. Le birre non sono state filtrate, ma sono state lasciate riposare per 48 ore prima di essere aperte e utilizzate.

IV.2.1. Strumentazione

Reometro ibrido Discovery HR-1 (TA Instruments) con geometria superiore a 3 sfere su piastra (alluminio) (TA Instruments). Il supporto del campione inferiore era una tazza in resina stampata in 3D prodotta localmente (Figura 4.1 supplementare). La forza assiale è stata fissata a 1 N (+/- 0,1). Per la misurazione è stato utilizzato un densimetro portatile Densito di Melter Toledo (precisione +/- 0,001 g/mL).
di peso specifico basato su una media di tre misurazioni per campione.

IV.2.2. Misure tribologiche

La tribologia è stata condotta utilizzando un reometro ibrido Discovery di TA instruments con attacco a 3 sfere su piastra; questa geometria consiste in tre semisfere in acciaio inox da ¼ di pollice di diametro avvitate sulla piastra piatta collegata all'albero principale con un accoppiamento a molla in alluminio. La coppia viene misurata mantenendo una forza assiale costante dall'attacco tribologico (1 N) e la velocità di scorrimento varia tra 0,15 e 150 mm/s. La temperatura è stata mantenuta a 20 °C per tutti gli esperimenti. La coppia viene quindi utilizzata per calcolare il coefficiente di attrito, denominato µ, mediante l'equazione:

$$\mu = M \div dFN \tag{4.1}$$

dove M è la coppia (Nm), d è la lunghezza del braccio (0,015 m) e FN indica la forza normale (N).

IV.2.3. Produzione e condizionamento del PDMS

I dischi di PDMS sono stati prodotti da kit di elastomeri SYLGARD 184 mescolando la parte A 10:1 con la parte B (w/w), che è stata miscelata e degassata, prima di essere versata in stampi di resina stampati in 3D a una profondità di 4 mm (~4g). I dischi sono stati sonicati con acqua deionizzata prima dell'uso e sono stati utilizzati per una sola misurazione prima di essere sostituiti.

IV.2.4. Analisi statistica

L'analisi è stata eseguita utilizzando Microsoft Excel 16 con Analysis ToolPak, sono stati condotti test t a una coda e i valori P di <0,05 sono stati considerati significativamente diversi.

IV.3. Risultati e discussione

Le curve di Stribeck, che tracciano le caratteristiche di attrito di un lubrificante liquido, sono state generate utilizzando un reometro ibrido per una serie di birre commerciali di diversi stili (Tabella 4.1). Le birre sono state confrontate con i valori ottenuti con acqua deionizzata.

La Figura 4.1a mostra l'attrito osservato per due birre India pale ale, entrambe dello stesso birrificio, con un ABV dichiarato di 0,0% (IPA0) e 5,0% (IPA5). Si osserva una chiara differenza tra i campioni, dove la birra al 5% di ABV dimostra un livello di attrito inferiore a tutte le velocità, tranne quella più alta, continuando a essere statisticamente significativa anche alla velocità di prova più elevata (p=0,04) rispetto all'acqua. Il prodotto allo 0% di ABV si distingue meno dall'acqua, in quanto si osservano differenze significative nell'attrito solo tra le velocità di scorrimento di 0,6 e 75 mm/s.

La scarsa lubrificazione è una caratteristica nota di alcune birre a basso e nullo contenuto alcolico ed è dimostrata dalle differenze osservate in questo confronto.

Tabella 4.1. Composizione e codici della birra

Style	% ABV	Specific gravity (g/mL)	Abbreviation
IPA	0	1008.2	IPA0
IPA	5	1005.7	IPA5
Amber ale	0	1013.1	AA0
Amber ale	4.3	1008.7	AA5
Lager	0	1016.3	LA0
Lager	4.6	1004.6	LA46
Lager	0.5	1015.0	LA05
Pale ale	0.5	1024.8	PA05
Pale ale	4.3	1007.0	PA43
Milk stout	0.5	1028.3	MS05
Milk stout	4.3	1016.4	MS43
German wheat	5.3	1007.0	GWB53
German wheat	0	1017.4	GWB0
Citrus pale ale	0.5	1013.9	CPA05
Citrus pale ale	4.5	1005.1	CPA45

Le birre ambrate (AA0, 0% ABV e AA5, 4,3% ABV) (Figura 4.1b) non presentano invece differenze statistiche a nessuna velocità testata, ma si distinguono entrambe dall'acqua a tutte le velocità inferiori a 75 mm/s. Questa somiglianza dimostra un'efficace corrispondenza di lubrificazione tra i due prodotti dello stesso birrificio. Allo stesso modo, le due milk stout (MSO5, 0,5% ABV) e MS43, 4,3% ABV) hanno mostrato una lubrificazione simile, nonostante le stout provengano da birrifici diversi. La Figura 4.1c mostra le curve di Stribeck ottenute per questi prodotti; ci si aspetta che questo stile contenga un alto contenuto di zucchero residuo ottenuto dall'aggiunta di lattosio.

Ciò è evidente nella MS43 (4,3% ABV) con una gravità specifica (SG) di 1,0164, mentre la SG media delle birre standard (contenenti alcol) era di 1,0078 (Figura 4.2). La differenza è meno evidente con le birre a basso o nullo contenuto alcolico, dove la SG della milk stout da 0,5% ABV è risultata pari a 1,0283 rispetto alla media di 1,0172. L'elevata gravità specifica delle birre a basso contenuto alcolico è prevista ed è generalmente un sottoprodotto del loro limitato processo di fermentazione (Sohrabvandi et al. 2010) o dell'aggiunta di zuccheri dopo la fermentazione.

La birra di frumento tedesca è nota per la sua sensazione in bocca e l'analisi tribo-retologica è stata eseguita (Figura 4.1d) su due campioni provenienti dallo stesso birrificio, uno a 5,3% ABV e l'altro a 0,5% ABV. Questi dati mostrano una lubrificazione significativamente più elevata con il GWB53 a quasi tutte le velocità di rotolamento, mentre il livello di lubrificazione mostrato dal GWB05 a basso contenuto alcolico è anch'esso significativo, producendo una differenza statisticamente rilevante rispetto all'acqua a tutte le velocità inferiori ai 75 mm/s. Ciò si spiega probabilmente con il peso specifico di questo prodotto (1,0174) contenente 53 g/L di carboidrati.

Le birre in stile lager hanno un profilo gustativo più delicato rispetto alle birre chiare, con un impatto ridotto dell'amaro e del luppolo (Furukawa Suárez et al. 2011). Ciò può essere vantaggioso nella produzione di prodotti a basso contenuto alcolico, in quanto i sapori sottili non vengono influenzati negativamente da strategie di fermentazione limitata o di rimozione dell'etanolo.

Al contrario, queste birre sono meno "protette" da eventuali sapori di fondo. Di conseguenza, sono state confrontate una birra lager europea di gradazione standard (LA46) e i prodotti dello stesso produttore a 0,0% di ABV (LA0) (Figura 4.1e). Anche in questo caso si nota una differenza significativa tra i prodotti standard (4,6% ABV) e quelli senza alcol.

In questo caso, la differenza è stata osservata nella regione di velocità inferiore, che ha maggiore rilevanza per l'elaborazione orale, con 10,34 mm/s come velocità media di movimento durante la deglutizione di liquidi (Hiiemae e Palmer 2003). Tuttavia, la variazione e l'intervallo erano significativi tra gli individui. Inoltre, è stata ottenuta una seconda birra lager a basso contenuto alcolico (LA05), ma prodotta da un birrificio diverso. Questa ha mostrato un profilo simile a quello della LA0, tranne che per le velocità di 0,37-0,18 mm/s, dove è stata osservata una differenza significativa tra LA0 e LA05. In questo caso, il LA05 con 0,5% di ABV ha mostrato un aumento della trazione, che non era previsto, poiché l'etanolo produce un effetto lubrificante (Mills et al. 2013).

Le tendenze riportate nella Figura 4.1 differiscono dal lavoro di Fox et al. (2021), in quanto le curve di attrito delle birre senza alcol hanno mostrato fattori di attrito inferiori rispetto ai prodotti "standard". Tuttavia, in questo caso nessuno dei prodotti a basso/assente contenuto di alcol ha presentato coefficienti di attrito inferiori a quelli dei prodotti contenenti alcol. Nessuna delle bevande riportate da Fox et al. (2021) è stata utilizzata in questo studio, quindi non è possibile un confronto diretto tra i metodi. Tuttavia, Fox et al (2021) hanno utilizzato una superficie di sfere di vetro con pioli in PDMS, mentre in questo lavoro sono state utilizzate tre sfere di acciaio inossidabile su piastra con dischi piatti in PDMS. È possibile che le differenze riflettano la diversa chimica della superficie del vetro rispetto a quella dell'acciaio inossidabile e/o la diversa applicazione della forza per l'apparecchiatura con una singola sfera su pioli rispetto a tre sfere su un disco.

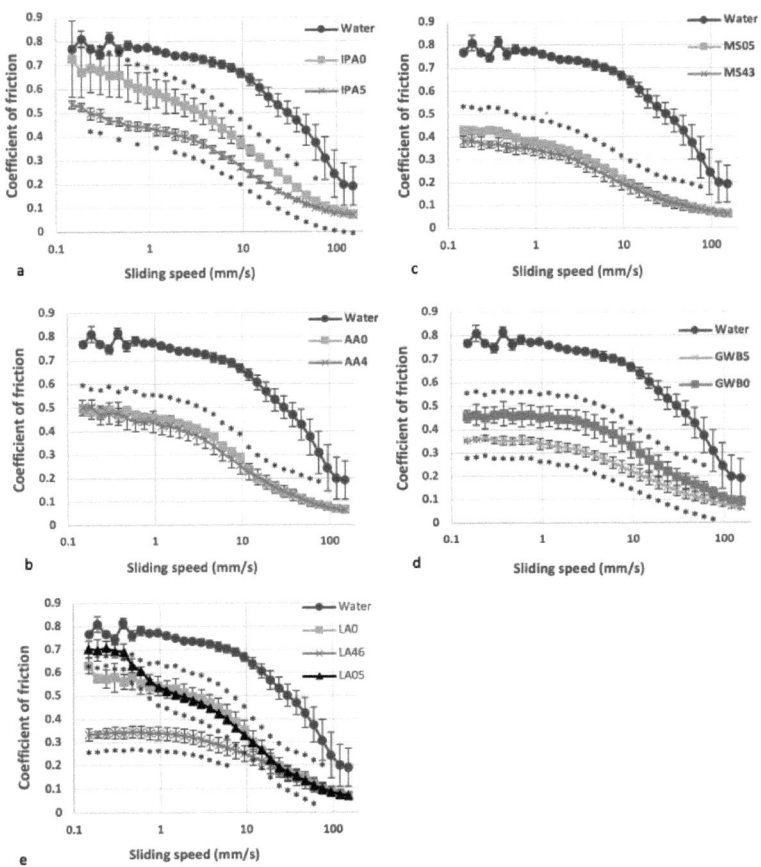

Fig.4.1.Curve di Stribeck generate da 3 Balls on Plate tribo-rheology su superficie PDMS con acqua, (a) India pale ale, IPA0 e IPA5; (b) amber ale, AA0 e AA4, (c) milk stout, MS05 e MS43, (d) birra tedesca whet GWB0 e GWB5, (e) lager LA0, LA46 e LA05 come lubrificante (n=3). Le stelle indicano differenze significative rispetto all'acqua (p=<0,05 nel test T a una coda).

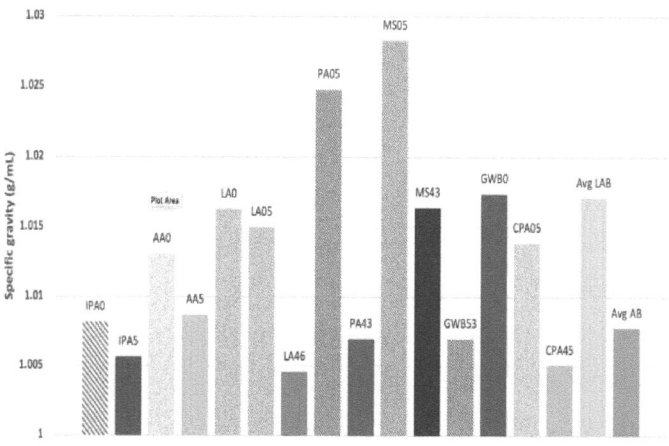

Fig. 4.2. Peso specifico delle birre utilizzate in questo lavoro.

Per studiare le variazioni all'interno dei dati qui riportati, sono state analizzate soluzioni di composti presenti nelle birre utilizzando lo stesso processo delle birre. È stato scelto l'etanolo in quanto si tratta della variazione più evidente tra i prodotti. La Figura 4.3a mostra le curve di Stribeck ottenute con una serie di concentrazioni di etanolo. È interessante notare che l'etanolo a bassa concentrazione (0,5% ABV) aumenta significativamente l'attrito a velocità inferiori (<7,5 mm/s), suggerendo che potrebbe esistere una soglia in cui le basse concentrazioni di sostanze lubrificanti sono meno lubrificanti rispetto a quando sono assenti. Questa concentrazione ha una rilevanza diretta per questo studio, poiché molte birre a bassa gradazione alcolica sono riportate a 0,5% ABV. Questi dati suggeriscono una possibile spiegazione della differenza tra le birre LA0 e LA05: la piccola quantità di etanolo (0,5% ABV) aumenta l'attrito. Sebbene l'aumento dell'attrito tra le due birre non sia identico a quello tra 0,5% ABV e acqua, la sovrapposizione suggerisce un possibile collegamento.

A una concentrazione dell'1% (v/v) di etanolo non si osserva quasi nessuna differenza significativa nella lubrificazione rispetto all'acqua, indicando che la soglia per l'effetto neutro è compresa tra lo 0,5 e l'1% per questo lubrificante. Al 5% di ABV, si osservano differenze significative nella lubrificazione a quasi tutte le velocità rispetto all'acqua. Questo livello suggerisce anche un risultato interessante, sebbene non intenzionale, della fermentazione: il 5% di ABV si colloca all'estremità inferiore dei livelli che producono una differenza significativa.

in attrito, ma è un livello di etanolo comune nella birra. Ciò richiederebbe un'indagine più approfondita, in particolare nei sistemi più complicati, ma potrebbe rappresentare un interessante filone di indagine. Il maltosio è stato utilizzato come modello per gli zuccheri residui, anche se gli zuccheri residui nella birra possono essere più diversi [82]. Le curve di Stribeck sono state ottenute per diverse concentrazioni di maltosio (Figura 4.3b). Questi risultati mostrano un andamento simile a quello dell'etanolo, dove a basse concentrazioni e basse velocità la trazione aumenta. Sebbene per il maltosio la concentrazione sia più alta (0,5% contro 2,5-5%), la variazione è statisticamente significativa a più punti di velocità.

Lavori precedenti hanno dimostrato il ruolo dei saccaridi polimerici a catena più lunga (destrine) nella percezione sensoriale delle birre [88] È stata testata la maltodestrina (4-7 DE) (Figura 4.3d) e si è osservato un profilo simile a quello del maltosio, con la concentrazione più bassa che mostrava una lubrificazione inferiore a quella dell'acqua. Tuttavia, con la maltodestrina l'intervallo di velocità di scorrimento per la differenza significativa era più veloce, coprendo una porzione maggiore delle velocità testate. È interessante notare che

Entrambe le soluzioni (5, 10%, w/v) mostrano un comportamento simile a velocità inferiori, ma sono significativamente diverse a velocità superiori. Sebbene le soluzioni al 5% non fossero significativamente diverse dall'acqua, lo erano quelle al 10%. Ciò è coerente con i dati di studi precedenti, in cui 50 g/L di maltodestrina era la concentrazione più bassa con un effetto significativo sull'aroma in bocca.

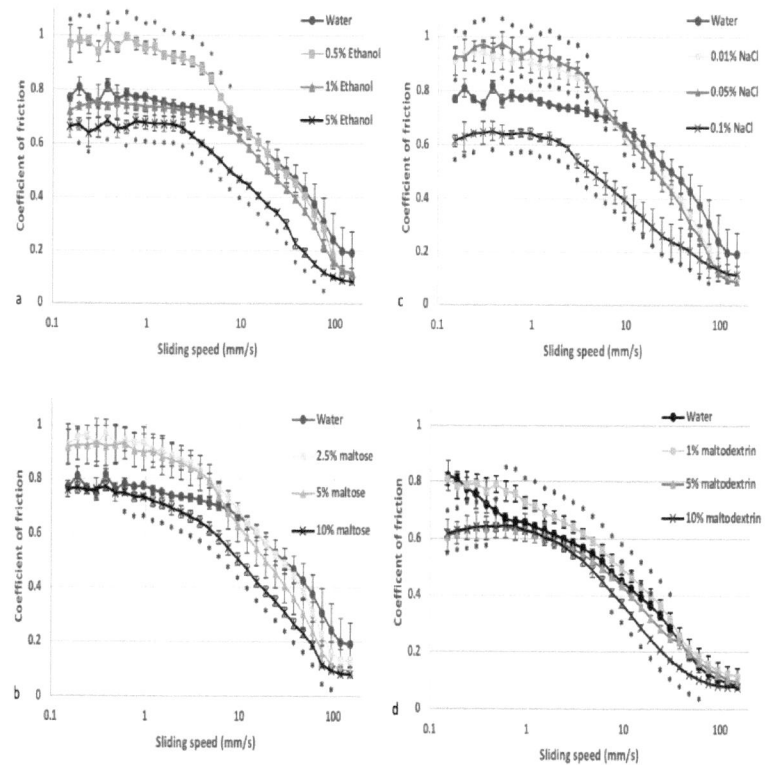

Fig.4.3. Curve di Stribeck generate dalla tribo-erologia di 3 sfere su piastra sulla superficie di PDMS con acqua e (a) etanolo (v/v), (b) maltosio (w/v) e (c) cloruro di sodio (w/v) in acqua come lubrificante (n=3). Le stelle indicano una differenza significativa
dall'acqua (p=<0,05 nel test T a una coda).

È stato dimostrato che i sali inorganici semplici dimostrano un comportamento di lubrificazione in soluzione [100], pertanto sono state analizzate soluzioni di cloruro di sodio a diverse concentrazioni. La Figura 4.3c mostra i risultati con il cloruro di sodio utilizzato come sostituto del contenuto minerale. La composizione inorganica delle bevande varia in modo significativo, a seconda dell'acqua locale o della rimineralizzazione dell'acqua purificata [104] Allo stesso modo, la salinità totale può variare in modo significativo e il lavoro qui riportato non intende replicare alcun prodotto o stile specifico, ma rappresenta un semplice modello per il contenuto inorganico delle birre. I dati della Figura 4.3c mostrano che a basse concentrazioni i lubrificanti possono aumentare l'attrito. Il contenuto di minerali nella birra (sia alcolica che analcolica) è di 363-700 mg/L [104], il che suggerisce che i livelli qui applicati sono applicabili ai prodotti commerciali.

La spiegazione del perché le diverse molecole abbiano soglie diverse come lubrificanti è dovuta alle differenze di massa molecolare in presenza di livelli simili di molecole. Per esplorare questo aspetto, le curve di Stribeck sono state riprodotte come concentrazioni molari (Mol/L) (Figura 4.4). Da ciò si evince che il cloruro di sodio fornisce una maggiore lubrificazione per molecola rispetto alle altre molecole testate. L'etanolo e il maltosio sono simili a concentrazioni inferiori (0,0857 Mol/L e 0,0694 Mol/L), ma divergono a livelli superiori. L'aumento dell'attrito è probabilmente dovuto alla formazione di film chimici al contorno legati alla lubrificazione elastoidrodinamica, in cui la formazione di film dipende dalla viscosità e dalle proprietà chimiche della superficie e del lubrificante [105].

Il concetto di lubrificazione del film monostrato è applicato principalmente agli acidi grassi, ai silossani e ai tioli nei film di Langmuir-Blogett. Questi film si comportano come solidi solo quando la spaziatura molecolare è uguale o inferiore alla dimensione della molecola che forma il film. Quando non si verificano queste condizioni, il film si comporta come un monostrato liquido piuttosto che come un solido. Questi strati liquidi sono più resistenti alla rottura, poiché le molecole sono in grado di muoversi sotto stress senza causare la totale interruzione del sistema, ma solo in presenza di livelli di stress relativamente leggeri [105] Questa flessibilità naturale, insieme alla capacità di auto-ripararsi diffondendosi nuovamente nel monostrato, consente alle molecole di fornire lubrificazione fisica alle superfici. La presenza di una gamma di molecole di dimensioni diverse consente una più facile formazione di strati mediante tassellatura (o tiling) delle diverse dimensioni, forme e polarità per produrre il risultato termodinamicamente più stabile. Una considerazione importante per i monostrati misti è la compatibilità delle molecole, poiché si prevede che alcuni gruppi funzionali riducano il legame e la tassellatura di altre molecole [105]. Questo aspetto è importante in sistemi complessi come la birra, dove

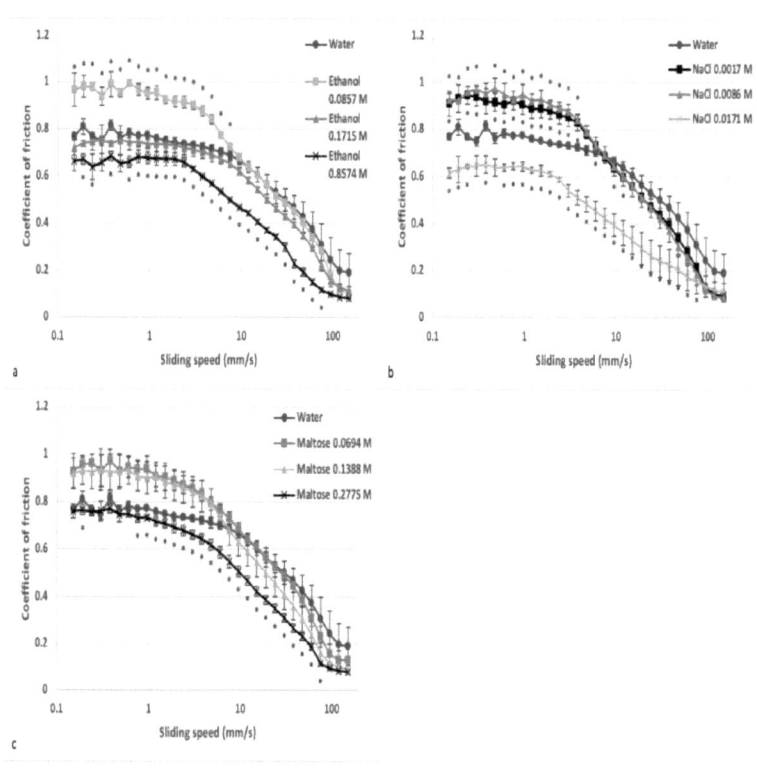

Figura 4.4. Curve di Stribeck generate dalla tribo-reologia di 3 palline su piastra sulla superficie di PDMS con acqua e varie concentrazioni di etanolo (a), cloruro di sodio (b) e maltosio (c) in soluzioni acquose M/L come lubrificanti (n=3). Le stelle indicano una differenza significativa rispetto all'acqua (p=<0,05 nel test T a una coda).

sono presenti molte molecole diverse che competono per gli spazi di legame. È stato dimostrato che il legame competitivo di molecole poco compatibili produce una lubrificazione inferiore a quella dei sistemi monocomponenti [106].

Con molte molecole diverse, la formazione di film di Langmuir-Blogett affollati può diventare più probabile, poiché gli spazi vuoti tra le molecole legate vengono riempiti creando una superficie più uniformemente coperta.

Tuttavia, ciò dipenderà dalla compatibilità delle molecole e dalle concentrazioni relative. Queste interazioni binarie alle interfacce di superficie sono difficili da prevedere e possono essere indipendenti dalla concentrazione se il legame è bloccato o inibito dalle altre molecole.

L'applicazione della teoria del film di Langmuir-Blogett a sistemi eterogenei di superfici di usura - in cui due materiali diversi vengono abrasi l'uno contro l'altro - è meno comunemente osservata, poiché gran parte di questo lavoro è applicato alle interazioni di usura basate su metallo-metallo.

La tribologia orale richiede l'uso di una superficie più morbida come una delle coppie, il che consente alle sostanze di formare superfici lubrificanti su una delle coppie ma non sull'altra. Questo sistema basato sull'accoppiamento comporta anche la possibilità di due monostrati completamente diversi, uno adsorbito sul metallo e l'altro sul PDMS o su un'altra superficie morbida, complicando ulteriormente lo studio di miscele complesse. In questo caso, le interazioni analita-analita si determinano man mano che i due diversi monostrati si abradono e interagiscono l'uno con l'altro, o formano catene più complesse dalle superfici originali, producendo effetti unici per quella miscela di lubrificanti e tribopair visibili solo a velocità in cui gli effetti elastoidrodinamici non dominano [107-109].

IV.4. Conclusioni

La tribo-erologia fornisce una metodologia efficace per misurare le proprietà di lubrificazione della birra e consente di indagare sulle cause delle differenze osservate. In questo lavoro, la tribo-reologia è stata utilizzata per dimostrare le differenze nel comportamento di lubrificazione tra le birre chiare indiane, le birre di frumento tedesche e le birre lager con diversi livelli di alcol, che riflettono la perdita di prestazioni di lubrificazione fornita dal contenuto di etanolo. Il metodo è stato inoltre in grado di dimostrare che le misurazioni di birre ambrate prive di alcol, milk stout e due birre lager corrispondono strettamente ai prodotti a gradazione standard, suggerendo che nelle diverse formulazioni si è verificata una compensazione per la mancanza di etanolo come lubrificante. Questo metodo presenta un meccanismo che consente di esaminare sistemi artificiali più complessi per chiarire le cause delle differenze nelle proprietà fisiche dei prodotti, nonché la funzionalità nella convalida delle tecniche di produzione della birra nel tentativo di imitare specifiche proprietà di lubrificazione desiderabili.

Riferimento

1. Ioan B., Operații și tehnologii în industria alimentară, 2015
2. Ratkovikh, N., Hornc, W., Helmus, F. P., Rosenberger, S., Naessens, W., Nopens, I., Bentzen, T. R. 2013. Reologia dei fanghi attivi: Una revisione critica sulla raccolta dei dati e sulla modellazione. *Water Research*, 47: 463-482.
3. Kumbar, V., Polcar, A., Čupera, J. 2013. Profili reologici delle miscele di oli motore nuovi e usati. Profili reologici delle miscele di oli motore nuovi e usati. *Acta Universitatis Agriculturae et Silviculturae Mendelianae Brunensis*, 41: 115-122.
4. Kumbar, V., Dostal, P. 2014. Dipendenza dalla temperatura della densità e della viscosità cinematica della benzina, del bioetanolo e delle loro miscele. *Pakistan Journal of Agricultural Sciences*, 51: 175-179.
5. Severa, L., Los, J., Nedomova, Š., Buchar, J. 2009. Vliv teploty na dynamickou viskozitu černeho piva. [CD-ROM]. In: *Jakost a efektivnost produkce regionalnich a malych pivovarů*: 47-53.
6. Severa, L., Los, J., Nedomova, Š., Buchar, J. 2009. Sul profilo reologico del mosto di malto durante la lavorazione del substrato per la birra lager. *Journal of food physics*, 22: 5-16.
7. Severa, L., Los, J., Nedomova, Š., Havlicek, M. 2009. Reologicky profil mladiny při zpracovani zakladu pro světle pivo. [CD-ROM]. In: *Jakost a efektivnost produkce regionalnich a malych pivovarů*: 40-46.
8. Hlavac, P., Bozikova, M. 2012. Confronto delle proprietà reologiche e termofisiche della birra Topvar(r) = Porovnanie reologickych a termofyzikalnych vlastnosti piva Topvar(r). *Acta technologica agriculturae*, 15: 23-27.
9. Hlavac, P. 2010. Cambiamenti nella viscosità dinamica del mosto di malto durante la fermentazione. *Journal on Processing and Energy in Agriculture*, 14: 15-18.

10. Hlavac, P. 2007. Dipendenza delle proprietà reologiche della birra scura da vari parametri durante lo stoccaggio. In: *Advances in labour and machinery management for a profi table agriculture and forestry*. Nitra: Università Slovacca di Agricoltura, 323-335.

11. Bozikova, M., Hlavac, P. 2011. Confronto tra le proprietà termofisiche e rerologiche di diverse birre chiare. *Journal on processing and energy in agriculture*, 15: 6-11.

12. Jonkova Surleva, A. 2013. Impatto dei polisaccaridi del malto sulla friggibilità della birra e possibilità di ridurli con additivi enzimatici. *Journal of Chemical Technology and Metallurgy*, 48: 234-240.

13. Pazdro, A., Štern, P. 1997. Prakticke využiti viskozimetrie v provozni pivovarske laboratoři. *Kvasny průmysl*, 43: 194-196.

14. Ahmed, J., Ramaswamy, H. S., Sashidhar, K. C. 2007. Caratteristiche reologiche dei concentrati di succo di tamarindo (*Tamarindus indica* L.). *LWT*, 40: 225-231.

15. MA, L., Barbosa-Canovas, G. V. 1995. Caratterizzazione reologica della maionese. Parte II: Flusso e proprietà viscoelastiche a diverse concentrazioni di olio e gomma xantana. *Journal of Food Engineering*, 25: 409-425.

16. Bhattacharya, S., Vasudha, N., Krishna Murthy, K. S. 1999. Reologia della pasta di senape: una misura controllata dello stress. *Journal of Food Engineering,* 41(1999): 187-191.

17. Krishna, R.S.; Mishra, J.; Meher, S.; Das, S.K.; Mustakim, S.M.; Singh, S.K. Industrial solid waste management through sustainable green technology: Un caso di studio dell'industria siderurgica e mineraria di Keonjhar, India. Mater. Oggi 2020, 33, 5243-5249.

18. Perry, M.; De Villiers, G. Modellazione del consumo di acqua e di altri servizi. Brauwelt Int. 2003, 5, 286-291.

19. Sterczy´nska, M.; Stachnik, M. Aspetti tecnici e tecnologici della chiarificazione del mosto di birra. Pol. J. Food Eng. 2017, 4, 24-27.

20. Podskoczy, A. La birra regna tra le bevande delle feste, Rivista nazionale socio-politica ed economico-giuridica Rzeczpospolita. Rinnovare. Sust. Energ. Rev. 2016, 76, 1134-1152.

21. Sterczy´nska, M.; Stachnik, M.; Poreda, A.; Jakubowski, M. Trub caldo sottoprodotto della produzione di mosto di birra chiarificato. Pol. J. Food Eng. 2018, 2, 36-41.

22. Knirsch, M.; Penschke, A.; Meyer-Pittroff, R. Situazione dello smaltimento dei rifiuti di birreria in Germania e risultati di un'indagine. Brauwelt Int. 1999, 6, 477-481.

23. Fillaudeau, L.; Blanpain-Avet, P.; Daufin, G. Gestione dell'acqua, delle acque reflue e dei rifiuti nelle industrie della birra. J. Clean. Prod. 2006, 14, 463-471.

24. Kerby, C.; Vriesekoop, F. Una panoramica sull'utilizzo dei sottoprodotti di birreria generati dai birrifici artigianali britannici. Bevande 2017, 3, 24.

25. van der Merwe, A.I.; Friend, J.F.C. Water management at a malted barley brewery. Water SA 2002, 28, 313-318.

26. Piepiórka-Stepuk, J.; Diakun, J.; Mierzejewska, S. Poli-ottimizzazione delle condizioni di pulizia per sistemi di tubature e scambiatori di calore a piastre contaminati da latte caldo utilizzando il metodo Cleaning in Place. J. Clean. Prod. 2016, 112, 946-954.

27. Piepiórka-Stepuk, J. Analisi delle impurità fisiche nelle soluzioni rigenerate utilizzate per la pulizia degli impianti di produzione della birra. J. Inst. Brew. 2018.

28. Mishra, P.C.; Mukherjee, S.; Nayak, S.K.; Panda, A. Breve rassegna sulla viscosità dei nanofluidi. Int. Nano Lett. 2014, 4, 109-120.

29. Kumar, P.; Pandey, K.M. Effetto sulle caratteristiche di trasferimento di calore dei nanofluidi che scorrono in regime di flusso laminare e turbolento. IOP Conf. Ser. Mater. Sci. Eng. 2017, 225, 012168.

30. Murshed, S.M.S.; Estellé, P. Una revisione dello stato dell'arte sulla viscosità dei nanofluidi. Renew. Sustain. Energy Rev. 2017, 76, 1134-1152

31. Maia, A. Liquidi ionici a temperatura ambiente: Un'alternativa "verde" ai solventi organici convenzionali? Mini-Rev. Org. Chem. 2011, 8, 178-185.

32. Dealy, J.M.; Wang, J. Melt Rheology and its Applications in the Plastics Industry, 2nd raed. Springer, Dordrecht, Paesi Bassi, ricerca sperimentale sul flusso all'interno di un separatore a vortice. J. Food Eng. 2013, 133, 9-15.

33. Piepiórka-Stepuk, J.; Mierzejewska, M.; Sterczy´nska, M.; Jakubowski, M.; Marczuk, A.; Andrejko, D.; Sobczak, P. Analisi e modellizzazione del processo di rigenerazione delle soluzioni chimiche dopo la pulizia delle apparecchiature per la produzione di birra in un sistema Cleaning in Place basato sulle variazioni di torbidità. J. Clean. Prod. 2019, 237, 117745.

34. Oladokun, O.; James, S.; Cowley, T.; Smart, K.; Hort, J.; Cook, D. Dry-hopping: Gli effetti della temperatura e della varietà di luppolo sui profili di amaro e sulle proprietà delle birre ottenute. Brew. Sci. 2017, 70, 187-196.

35. Pal, J.; Piotrowska, A.; Adamiak, J.; Czerwi´nska-Ledwig, O. La birra e le materie prime della birra in cosmetologia e i bagni di birra come forma di trattamento. Adv. Phytotherapy 2019, 20, 145-153.

36. Kunze, W. Technology Brewing & Malting, 4a ed.; VLB Berlin: Berlino, Germania, 2014.

37. O'Rourke, T. Back to Basics 10-Wort Boiling (Part 2). Birra. Guard. 1999, 128, 38-41.

38. Lentini, A.; Takis, S.; Hawthorne, D.B.; Kavanagh, T.E. L'influenza del trub sulla fermentazione e sullo sviluppo degli aromi. Atti della 23a Convention Institute of Brewing (Asia Pacijk Section), Sydney. Inst. Brew. Aust. New 1994, 23, 89-95.

39. Kühbeck, F.; Schütz, M.; Thiele, F.; Krottenthaler, M.; Back, W. Influenza della torbidità del Lauter e del Trub caldo sulla composizione del

mosto, sulla fermentazione e sulla qualità della birra. Am. Soc. Brew. Chem. 2006, 64, 16-28. Molecole 2021, 26, 681 15 di 16

40. Bamforth, C.W. Beer: Tap into the Art and Science of Brewing, 2a ed.; Oxford University Press: Oxford, Regno Unito, 2003; ISBN 0-19-515479-7.

41. Lewis, M.J.; Bamforth, C.W. Essays in Brewing Science; Springer Science+Business Media, LLC Springer Nature Switzerland AG...: Cham, Svizzera, 2006; Volume 13, ISBN 978-0387-33011-2.

42. Priest, F.G.; Stewart, G.G. Handbook of Brewing, 2nd ed.; Taylor & Francis Group, LLC Registered in England & Wales No. 3099067: Boca Raton, FL, USA, 2006; Volume 13, ISBN 978-0-8247-2657-7.

43. Jakubowski, M.; Antonowicz, A.; Janowicz, M.; Sterczy´nska, M.; Piepiórka-Stepuk, J.; Poreda, A. Una valutazione del potenziale di di analisi Shadow Sizing e Particle Image Velocimetry (PIV) per caratterizzare la morfologia del trub a caldo. J. Food Eng. 2016, 173, 34-41.

44. Kühbeck, F.; Müller, M.; Back, W.; Kurz, T.; Krottenthaler, M. Effetto dell'aggiunta di trub e particelle a caldo sulle prestazioni della fermentazione. di Saccharomyces cerevisiae. Enzym. Microb. Technol. 2007, 41, 711-720.

45. Severa, L.; Havlí´cek, M.; Buchar, J.; K˘rivánek, I. Sui parametri reologici selezionati degli oli vegetali commestibili. Acta Univ. Agric. Silvic. Mendel. Brun. 2006, 54, 83-94.

46. Piazza, P.; Gigli, J.; Bulbarello, A. Studio della reologia interfacciale della struttura e delle proprietà della schiuma di caffè espresso. J. Food Eng. 2008, 84, 420-429.

47. Michael, J.; Sargent, B.; Hallmark, B. Indagine sulla reologia di taglio del caffè istantaneo fuso a pressioni elevate utilizzando il reometro multipass di Cambridge. Food Bioprod. Process. 2019, 115, 17-29.

48. Jó´zwiak, B.; Boncel, S. Reologia degli ionanofluidi. J. Mol. Liq. 2020, 302, 112568.

49. Jakubowski, M.; Diakun, J. Indagini di simulazione sugli effetti dei rapporti dimensionali dei vortici sullo stato dei vortici secondari. J. Food Eng. 2007, 83, 106-110.

50. Jakubowski, M.; Sterczy´nska, M. Analisi delle misure PIV della velocità del flusso liquido sul fondo di una vasca idromassaggio riempita su entrambi i lati. Chem. Eng. Appar. 2013, 52, 185-186. (In polacco)

51. Stachnik, M.; Jakubowski, M. Modello multifase di flusso e separazione delle fasi in un vortice: Approccio avanzato di simulazione e visualizzazione dei fenomeni. J. Food Eng. 2020, 274, 109846.

52. Farca¸s, A.C.; Socaci, S.A.; Mudura, E.; Dulf, F.V.; Vodnar, D.C.; Tofana, M.; Salant, a, L.C. Sfruttamento dei rifiuti dell'industria della birra per la produzione di ingredienti funzionali. Brew. Technol. 2017, 137-156.

53. Bedini, S.; Flamini, G.; Girardi, J.; Cosci, F.; Conti, B. Non solo birra: Valutazione del luppolo esausto (Humulus lupulus L.) come fonte di repellenti ecologici per gli insetti infestanti degli alimenti conservati. J. Pest Sci. 2015, 88, 583-592.

54. Zanoli, P.; Zavatti, M. Profilo farmacognostico e farmacologico di Humulus lupulus L. J. Ethnopharmacol. 2008, 116, 383-396.

55. Kanagachandran, K.; Jayaratne, R. Potenzialità di utilizzo dei sedimenti delle acque reflue di birreria come fertilizzante organico. J. Inst. Brew. 2006, 112, 92-96.

56. Kope´c, M.; Mierzwa-Hersztek, M.; Gondek, K.;Wolny-Kołaḋka, K.; Zdaniewicz, M.; Jarosz, R. Attività biologica di compost ottenuti da scarti di luppolo generati durante la produzione di birra. Biomass Conv. Bioref. 2020a.

57. Kope´c, M.; Mierzwa-Hersztek, M.; Gondek, K.;Wolny-Kołaḋka, K.; Zdaniewicz, M. Il potenziale applicativo dei sedimenti di luppolo

provenienti dalla produzione di birra per il compostaggio. Saudi J. Biol. Sci. 2020, in stampa.

58. Wolny-Kołtadka, K.; Mateusz, M.; Zdaniewicz, M. Valutazione energetica e microbiologica degli effetti dell'aggiunta di agenti di carica sulla bioessiccazione del trub caldo di birreria. Food Bioprod. Process. 2021, in stampa.

59. Metodo EBC 4.6. Estratto di malto in acqua calda: Mash a temperatura costante. 1997. Convenzione europea dei birrifici. Disponibile online: https://brewup.eu/ (consultato il 15 maggio 2020).

60. Wolny-Kołtadka, K.; Żukowski, W. Igienizzazione dei rifiuti solidi urbani misti per la produzione di combustibile derivato da rifiuti mediante ozonizzazione in una nuova configurazione che utilizza un letto fluido e un reattore orizzontale. Waste Biomass Valor 2019, 10, 575-583.

61. Abram, V.; Čeh, B.; Vidmar, M.; Hercezi, M.; Lazíc, N.; Bucik, V.; Možina, S.S.; Košir, I.J.; Kač, M.; Demšar, L.; et al. Un confronto dell'attività antiossidante e antimicrobica tra le foglie e i coni di luppolo. Ind. Crops Prod. 2015, 64, 124-134.

62. Astray, G.; Gullón, P.; Gullón, B.; Munekata, P.E.S.; Lorenzo, J.M. Humulus lupulus L. come fonte naturale di biomolecole funzionali. Appl. Sci. 2020, 10, 5074.

63. Chetrariu, A.; Dabija, A. Grani esausti di birra: Possibilità di valorizzazione, una rassegna. Appl. Sci. 2020, 10, 5619.

64. Baca, E. Impatto della composizione chimica dell'acqua sul processo di produzione e sulla qualità della birra. Ferment. Fruit Veg. Ind. 1999, 1, 35-38. (In polacco)

65. Zarnkow, M.; Kessler, M.; Burberg, F.; Back, W.; Arendt, E.K.; Kreisz, S. L'uso della metodologia della superficie di risposta per ottimizzare le condizioni di maltazione del miglio proso (Panicum miliaceum L.) come materia prima per alimenti senza glutine. J. Inst. Brew. 2007, 113, 280-292.

66. Narziß, L.; Back, W. Die Bierbrauerei: Band 2, Technologie der Würzebereitung, 8a ed.;Wiley-VHC: Weinheim, Germania, 2012.

67. Barnes, H.A. A Handbook of Elementary Rheology; Cambrian Printers: Aberystwyth, Regno Unito, 2000; SY23 3TN; ISBN 0-9538032-0-1.

68. Mezger, T.G. Il manuale di reologia: For Users of Rotational and Oscillatory Rheometers, 4a ed.; Vincentz Network: Hannover, Germania, 2014.

69. Dentel, S.K. Valutazione e ruolo delle proprietà reologiche nella gestione dei sedimenti. Water Sci. Technol. 1997, 36.

70. Zawis'lak, K.; Sobczak, P.; Kraszkiewicz, A.; Niedziółka, I.; Parafiniuk, S.; Kuna-Broniowska, I.; Tanas´,W.; Z˙ ukiewicz-Sobczak, W.; Obidzi´ nski, S. L'uso di rifiuti lignocellulosici nella produzione di pellet a scopo energetico. Renew. Energia 2020, 145, 997-1003. Molecole 2021, 26, 681 16 di 16

71. Baroutian, S.; Eshtiaghi, N.; Gapes, D.J. Reologia di una miscela di fanghi di depurazione primaria e secondaria: Dipendenza dalla temperatura e dalla concentrazione di solidi. Bioresour. Technol. 2013, 140, 227-233.

72. Behn, V.C. Determinazione sperimentale dei parametri di flusso dei sedimenti. J. Sanit. Eng. Div. 1962, 88, 39-54.

73. Lotito, V.; Spinosa, L.; Mininni, G.; Antonacci, R. La reologia dei sedimenti fognari in diverse fasi del trattamento. Water Sci. Technol. 1997, 36

74. Cao, X.; Jiang, Z.; Cui, W.; Wang, Y.; Yang, P. Proprietà reologiche dei sedimenti di liquami urbani: Dipendenza dalla concentrazione di solidi e dalla temperatura. Procedia Environ. Sci. 2016, 31, 113-121.

75. Liu, J.;Wang, R.; Gao, F.; Zhou, J.; Cen, K. Reologia e proprietà tixotropiche di combustibili fangosi preparati con sedimenti di acque reflue municipali e carbone. Chem. Eng. Sci. 2012, 76, 1-8.

76. Sohrabvandi S, Mousavi SM, Razavi SH, MortazavianAM, Rezaei K. 2010. Birra analcolica: Metodi di produzione, difetti sensoriali ed effetti sulla salute. *Food Rev Int* 26:335-352. https://doi.org/10.1080/87559129.2010.496022

77. Bellut K, Arendt EK. 2019. Chance and challenge: *Non-Saccharomyces* yeasts in nonalcoholic andlowalcohol beer brewing - a review. *J Am Soc BrewChem* 77:77-91. https://doi.org/10.1080/03610470.2019.1569452

78. Rettberg N, Lafontaine S, Schubert C, Dennenlöhr J, Knoke L, Diniz Fischer P, Fuchs J, Thörner S. 2022. Effetto della tecnica di produzione sulla chimica e sul sapore della birra analcolica di tipo pilsner (NAB). *Bevande*, 8:4. https://doi.org/10.3390/beverages8010004

79. Charry-Parra G, DeJesus-Echevarria M, Perez FJ. 2011. Analisi volatile della birra: Ottimizzazione dihs/spme accoppiato a gc/ms/fid. *J Food Sci* 76:C205-C211. https://doi.org/10.1111/j.1750-3841.2010.01979.x

80. Brányik T, Silva DP, Baszczyňski M, Lehnert R, Almeida e Silva JB. 2012. Una revisione dei metodi di produzione della birra con e senza alcol. *J FoodEng* 108:493-506. https://doi.org/10.1016/j.jfoodeng.2011.09.020

81. Araújo AS, da Rocha LL, Tomazela DM, Sawaya ACHF, Almeida RR, Catharino RR, Eberlin MN. 2005. Electrospray ionization mass spectrometry fingerprintingof beer. *Analyst* 130:884-889. https://doi.org/10.1039/B415252B

82. Otter GE, Taylor L. 1967. Determinazione della composizione zuccherina del mosto e della birra mediante gas-cromatografia liquida. *J Inst Brew* 73:570-576. https://doi.org/10.1002/j.2050-0416.1967.tb03086.x

83. Hiiemae KM, Palmer JB. 2003. I movimenti della lingua nell'alimentazione e nel linguaggio. *Crit Rev Oral Biol Med* 14:413-429. https://doi.org/10.1177/154411130301400604

84. Langstaff SA, Guinard J-X, Lewis MJ. 1991. Valutazione strumentale della sensazione in bocca della birra e correlazione con la valutazione

sensoriale. *J Inst Brew* 97:427-433. https://doi.org/10.1002/j.2050-0416.1991.tb01081.x

85. Perpète P, Collin S. 1999. Destino dell'aromatizzante worty in una fermentazione a contatto con il freddo. *Food Chem* 66:359-363. https://doi.org/10.1016/S0308-8146(99)00085-0

86. Perpète P, Collin S. 2000. Come migliorare la riduzione enzimatica dell'aroma malsano in una fermentazione a contatto freddo. *Food Chem* 70:457-462. https://doi.org/10.1016/S0308-8146(00)00111-4

87. Langstaff SA, Lewis MJ. 1993. La sensazione in bocca della birra - una rassegna. *J Inst Brew* 99:31-37. https://doi.org/10.1002/j.2050-0416.1993.tb01143.x

88. Khattab IS, Bandarkar F, Fakhree MAA, Jouyban A. 2012. Densità, viscosità e tensione superficiale di miscele di acqua ed etanolo da 293 a 323k. *KoreanJ Chem Eng* 29:812-817. https://doi.org/10.1007/s11814-011-0239-6

89. Ramsey I, Ross C, Ford R, Fisk I, Yang Q, Gomez-Lopez J, Hort J. 2018. Utilizzo di un approccio temporale combinato per valutare l'influenza della concentrazione di etanolo sul gradimento e sugli attributi sensoriali della birra lager. *Food Qual Pref* 68:292-303. https://doi.org/10.1016/j.foodqual.2018.03.019

90. Agorastos G, Klosse B, Hoekstra A, Meuffels M, Welzen JJMJ, Halsema van E, Bast A, Klosse P. 2023. Classificazione strumentale della birra in base alla sensazione in bocca. *Int J Gastron Food Sci* 32:100697. https://doi.org/10.1016/j.ijgfs.2023.100697

91. Caballero I, Blanco CA, Porras M. 2012. Iso-α-acidi, amarezza e perdita di qualità della birra durante la conservazione. *Trends Food Sci Technol* 26:21-30. https://doi.org/10.1016/j.tifs.2012.01.001

92. Laguna L, Sarkar A. 2017. Tribologia orale: Update onthe relevance to study astringency in wines.*Tribol - Mater Surf Interfaces* 11:116-123. https://doi.org/10.1080/17515831.2017.1347736

93. Sarkar A, Krop EM. 2019. Sposare la tribologia orale con la percezione sensoriale: Una revisione sistematica. *CurrOpin Food Sci* 27:64-73. https://doi.org/10.1016/j.cofs.2019.05.007

94. Prinz JF, de Wijk RA, Huntjens L. 2007. Dipendenza dal carico del coefficiente di attrito dell'oralmucosa. *Food Hydrocoll* 21:402-408. https://doi.org/10.1016/j.foodhyd.2006.05.005

95. Fox D, Sahin AW, De Schutter DP, Arendt EK. 2021.Mouthfeel della birra: Development of tribologymethod and correlation with sensory data from anonline database. *J Am Soc Brew Chem* 1-16.https://doi.org/10.1080/03610470.2021.1938430

96. Batchelor H, Venables R, Marriott J, Mills T. 2015. L'applicazione della tribologia nella valutazione della percezione della consistenza dei farmaci liquidi orali. *Int JPharm* 479:277-281. https://doi.org/10.1016/j.ijpharm.2015.01.004

97. Laguna L, Farrell G, Bryant M, Morina A, Sarkar A.2017. Relating rheology and tribology ofcommercial dairy colloids to sensory perception.*Food Func* 8:563-573. https://doi.org/10.1039/C6FO01010E

98. Cai H, Li Y, Chen J. 2017. Studio reologico e tribologico della percezione sensoriale dei prodotti per l'igiene orale. *Biotribology*, 10:17-25. https://doi.org/10.1016/j.biotri.2017.03.001

99. Godoi FC, Bhandari BR, Prakash S. 2017. Triborheologyand sensory analysis of a dairy semi-solid.*Food Hydrocoll* 70:240-250. https://doi.org/10.1016/j.foodhyd.2017.04.011

100. Mills T, Koay A, Norton IT. 2013. Lubrificazione del gel fluido in funzione della qualità del solvente. *Food* Hydrocoll32:172-177. https://doi.org/10.1016/j.foodhyd.2012.12.002

101. Samaroo KJ, Tan M, Andresen Eguiluz RC, GourdonD, Putnam D, Bonassar LJ. 2017. Tunable lubricinmimeticsfor boundary lubrication of cartilage.*Biotribology*, 9:18-23. https://doi.org/10.1016/j.biotri.2017.02.001

102. Ningtyas DW, Bhandari B, Bansal N, Prakash S.2019. Aspetti sequenziali della percezione della consistenza del formaggio cremoso utilizzando lo strumento della dominanza temporale delle sensazioni (tds) e la sua relazione con il comportamento del flusso e della lubrificazione. *Food Res Int* 120:586-594.https://doi.org/10.1016/j.foodres.2018.11.009

103. Ranc H, Elkhyat A, Servais C, Mac-Mary S, Launay B, Humbert P. 2006. Coefficiente di attrito e bagnabilità del tessuto della mucosa orale: Cambiamenti indotti da uno strato salivare. *Colloids Surf A PhysicochemEng Asp* 276:155-161. https://doi.org/10.1016/j.colsurfa.2005.10.033

104. Krennhuber K, Kahr H, Jäger A. 2016. Idoneità della birra come alternativa alle classiche bevande fitness.*Curr Res Nutr Food Sci* 4:26-31. https://doi.org/10.12944/CRNFSJ.4.Special-Issue-October.04

105. Hsu SM. 2004. Base molecolare della lubrificazione.*Tribol Int* 37:553-559. https://doi.org/10.1016/j.triboint.2003.12.004

106. Nakayama K, Studt P. 1991. Interazione tra additivi e prestazioni di lubrificazione in un sistema binario di additivi polari. *Tribol Int* 24:185-191. https://doi.org/10.1016/0301-679X(91)90025-5

107. Furukawa Suárez A, Kunz T, Cortés Rodríguez N, MacKinlay J, Hughes P, Methner F-J. 2011. Impatto della regolazione del colore sulla stabilità del sapore delle birre palelager con una gamma di coloranti diversi. *Food Chem* 125:850-859. https://doi.org/10.1016/j.foodchem.2010.08.070

108.. Caballero I, Blanco CA, Porras M. 2012. Iso-α-acidi, amarezza e perdita di qualità della birra durante la conservazione.*Trends Food Sci Technol* 26:21-30. https://doi.org/10.1016/j.tifs.2012.01.001

109. Smedley SM. 1992. Determinazione del colore della birra utilizzando i valori tristimolo. *J Inst Brew* 98:497-504.https://doi.org/10.1002/j.2050-0416.1992.tb01135.

I want morebooks!

Buy your books fast and straightforward online - at one of world's fastest growing online book stores! Environmentally sound due to Print-on-Demand technologies.

Buy your books online at
www.morebooks.shop

Compra i tuoi libri rapidamente e direttamente da internet, in una delle librerie on-line cresciuta più velocemente nel mondo! Produzione che garantisce la tutela dell'ambiente grazie all'uso della tecnologia di "stampa a domanda".

Compra i tuoi libri on-line su
www.morebooks.shop

 info@omniscriptum.com
www.omniscriptum.com

Printed by Books on Demand GmbH, Norderstedt / Germany